励志 追梦篇

你可以拥有自己想要的生活

读者杂志社 编

读者出版社

图书在版编目（CIP）数据

你可以拥有自己想要的生活 / 读者杂志社编. -- 兰
州：读者出版社，2024.4（2024.11重印）
ISBN 978-7-5527-0805-9

Ⅰ. ①你… Ⅱ. ①读… Ⅲ. ①成功心理－通俗读物
Ⅳ. ①B848.4-49

中国国家版本馆CIP数据核字（2024）第071708号

你可以拥有自己想要的生活

读者杂志社　编

策划统筹　雷　洋　赵元元　王书哲
责任编辑　张　远
助理编辑　张紫妍
封面设计　张月明

出版发行　读者出版社
地　　址　兰州市城关区读者大道568号（730030）
邮　　箱　readerpress@163.com
电　　话　0931-2131529（编辑部）　0931-2131507（发行部）

印　　刷　炫彩（天津）印刷有限责任公司
规　　格　开本 710毫米×1000毫米　1/16
　　　　　印张 13　字数 195 千
版　　次　2024 年 4 月第 1 版
　　　　　2024 年 11 月第 2 次印刷
书　　号　ISBN 978-7-5527-0805-9
定　　价　58.00元

目录

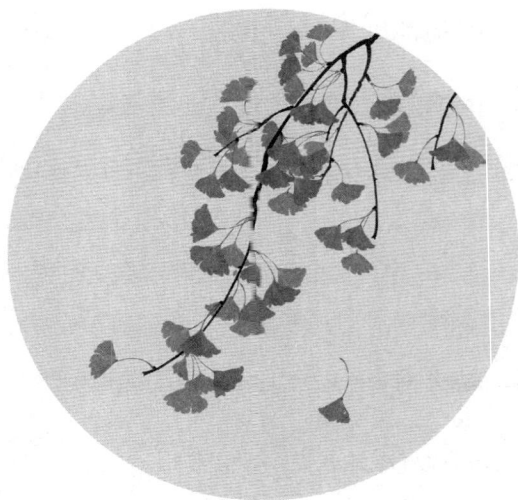

壹

谁的青春
不迷茫

18 岁的沉重

七堇年

18 岁，在千辛万苦熬过了高三之后，我没有考上清华。原因竟然不在数学，而在文科综合。揭晓分数的那天，我听完电话里的报数，在草稿纸上加了三遍，得到的仍然是那个我不想面对的数字。我倒在床上蒙头痛哭了整整一天。母亲坐在客厅，也是默不作声地落泪。过了很久很久，她悄悄来到我的床边，抚摸着我的头，那么无奈而痛心地安慰我："不要哭了，乖，不要哭了。"

烈日不怜悯我的悲伤，耀我致盲。彼时过于年轻脆弱，我只知道蒙头痛哭，在盛夏 7 月，眼泪与汗水一样丰沛而无耻。我仿佛听见命运的大门缓缓关上的吱嘎声……我一度以为，我一度那样真真切切地以为，这是我人生中最无可挽回的失败。在后来高中好友们一一被名牌大学录取的报喜声中，在后来一次次就读于首都顶尖高校的昔日好友满面春风的精英型同学聚会中，我愚蠢而耐心地反复咀嚼着这一次失败的味道，几近一蹶不振，为这一个理想的幻灭赔上了此后将近三年的无所事事的荒凉青春。在 20 岁出头的关口，我才明白过来，不懂得从一次失败中站起来，永远跪在地上等待怜悯并且期待永不可能的时间倒流，才是人生中最无可挽回的失败。

母亲想要安慰我，像《我与地坛》中那个欲言又止的可怜的母亲那样，对我说："带你出去走走吧，老这么在家里不成样子。"

我是带着一种失魂落魄，真的是失魂落魄的心绪，去往稻城的。自驾两千多公里，从川西南，北上到甘肃南部的花湖，再南下去往稻城亚丁，途经红原、八美、丹巴等与世隔绝的绮丽仙境。巍巍青山上，神秘古老的碉楼隐匿于云端，触目惊心的山壁断层上苍石峻拔。月色辉映的夜里，沿着狭窄的公路在峡谷深处与奔腾澎湃的大河蜿蜒并驰，黑暗中只听见咆哮的水声。翻滚的洪流在月色之下闪着寒光，仿佛一个急转弯，稍不注意，便会翻入河谷，尸骨无存。

头顶着寂静的星辰，我在诗一般险峻的黑暗中，在未知的深深危险中，渐渐找到一丝不畏死的平静。

我曾经说过，其实人应当活得更麻木一点，如此方能多感知到一些生之欢愉。明白归明白，但我或许还将终我一生，因着性情深处与生俱来的暗调色彩，常不经意间就沉浸在如此的底色中。希望、坚持等富有支撑力的东西总是处在临界流产的艰难孕育中，好像稍不注意，一切引诱我继续活下去的幻觉就将消失殆尽。

7月，在行驶了两千多公里之后，在接近稻城的那个黄昏，潮湿的荒原上开满了紫色花朵，落雨如尘，阴寒如秋。孤独的鹰在苍穹之上久久盘旋。我眺望窗外的原野，身边坐着母亲。

高三时，我在外读书，母亲常常专程来看我，一早赶三十多公里路，给我带来我喜欢吃的东西，热乎乎地焐在包里，外加很多她精挑细选的水果、营养品。我由此越发懂得什么叫作"可怜天下父母心"。

有次她借着出差的机会，又带上很多东西来看我。白天忙完工作，傍晚时才来到学校。母亲就这么静静地坐在我的宿舍里干等我一个晚上。那天晚自习照例是考试，我急不可待地交了卷，匆匆赶回宿舍和母亲相见。没说上两句话，很快就有生活老师催促熄灯，母亲说："那我走了，你好好的，要乖，妈妈相信你会努力的。"我送母亲到校门口，那时下着雨，母亲想让我早点回去，就说司机已经来了，宿舍关门了就不好了。我想也是，生活老师不太好说话，我就先回去了。

而后来的事情是，那个下雨的凄凉夜晚，为母亲开车的司机在市中心吃完饭已经醉得不省人事，睡得连电话响都听不到。母亲瞒着我，要我赶紧回宿舍睡觉，她自己一人站在学校外面空旷的公路边等着打车回去。可是因为过于偏僻，她打不到车。她一个女子孤身在那黑暗冷漠的马路边，从 10 点 30 分一直站到深夜 12 点，手机也没了电，无法求助。偶尔飞驰而过的车，像划不燃的火柴一样，擦着她一闪而过，没有一辆停下。她冷得发抖。最终她拦到一辆好心人的私家车，狼狈落魄地赶了回云，因为受寒，病了一个星期。

高三结束了很久后，有次母亲轻描淡写地对我说起这件事情。我们正吃着午饭，我强忍着眼泪，放下碗筷，走进厕所咬着自己的嘴唇，痛彻心扉地哭了，眼泪喷涌，却没有发出一丝声音，然后迅速地洗脸，按下抽水马桶的按钮，佯装才上完厕所，然后平静地回到饭桌上。

我在心里想着，如果那个夜晚母亲发生什么不测，那我余生如何能够原谅自己？幸而她平安无事。因此我不知道除了考上一所体体面面的名牌大学，还有什么能够报答母亲的一片苦心。

这也是为何我高考失败后，这么久以来无法摆脱内疚感和挫败感的原因，我觉得我对不起她。她寄予我的，不过是这样一个简简单单的期望，期望我考上一个好大学，希望我争气。为着这样一个简单的期望，她 18 年如一日地付出无微不至的关爱。再后来，经历几番追逐恋慕，浅尝过人与人之间的感情维系何等脆弱，我才惊觉母亲给予自己的那种爱意，深情至不可说，无怨无悔地，默默伴我多年。我不得不承认，唯有出自母爱的天性，才可以解释这样一种无私。

稻城的夜，雨声如泣。在黑灰色的天地间，7 月似深秋，因为极度寒冷，我们遍街寻找羽绒大衣。海拔升高，加上寒冷，母亲的身体严重不适。我们只好放弃了翌日骑马去草甸再辗转亚丁的计划，原路返回，旅程在此结束。带着《游褒禅山记》中记叙的那般遗憾，带着上路时的失魂落魄，离开了寒冷的稻城。

那是 18 岁时的事情。几年过去，因着对人世的猎奇，探知内心明暗，许诺自己此生要如何如何，将诸多虚幻而痛苦的读本奉作命运的旨意——书里说，"生命中许多事情，沉重婉转至不可说"，我曾为这句话彻头彻尾地动容，拍案而起，惊怵至无路可退，相信在以自我凌虐的姿势挣扎的人之中，我并不孤单。我时常面对照片上 4 岁时天真至脆弱不堪的笑容，不肯相信生命这般酷烈的锻造。但事实上，它又的确如此。我从对现实感受的再造与逃避中体验到的，不过是一次又一次对苦痛的幻想。

在我所有的旅行当中，18 岁的稻城是最荒凉的一个站点。可悲的是，它最贴近人生。

人生如路，须在荒凉中走出繁华的风景来。

青春珍贵

刘慈欣

曾看过一篇很短的科幻小说，题目忘了，说有这样一个时代，两个人之间可以借助某种技术，交换包括全部记忆在内的完整人格。但为了保证社会公平，法律规定，财产所有权只认人的身体而不认他（她）所拥有的人格。这一时期，人们发现富豪们普遍得了一种奇怪的病，他们被称为"人格寄存者"，他们每个人所拥有的人格频繁切换。

小说的主人公是一个 50 多岁的富豪，他平均每天换一种人格，并为此痛苦不已。发生这种事情的原因很简单：这个时代的年轻人都有一个梦想——能够与一个大富豪交换人格，而许多年长的富豪也愿意以自己的全部财富为代价再获青春。但几乎每一个与富豪交换人格的年轻人都会很快后悔，他们会立刻与另外一个年轻人做人格交换，再换回一个年轻的身体。据统计，这种反悔后再交换的间隔平均不到一天时间，于是这些年长的富豪所拥有的人格频繁切换，像一个人格寄存器一样。

我对这篇小说的感觉一般，感兴趣的是人们对这种事情的看法。小说有深意的地方在于作者没有把主人公设定为一个八九十岁的老头，而是一个 50 多岁的男人，身体健康，精力充沛，他这时抛弃自己拥有的巨额财富，仅仅为了再获青春，这可能吗？我调查的结果在预料之中，年轻人一般都认为这篇小说不真实，他们大多认为这种交换很值，换了自己也不会后悔，有时还会反问一句："为什么不呢？"但50多岁的老男人们大都认同这个故事的设定。

所以，青春的珍贵，只有失去它的人才能体会。

一位医生朋友说，这个故事中交换者双方的感觉，关键在于"突变"，或者说"切换"。一个人随着流逝的岁月渐渐走到50多岁，他（她）大概还不能深切体会到青春的流逝；但如果一个人瞬间从20多岁切换到50多岁，再切换回去，那他（她）对衰老的感觉将铭心刻骨，"就像大病一场一样"，即使这个50多岁的人像那个富豪一样身体健康、精力充沛，结果也一样。

但青春的真正珍贵之处还在于对世界的感觉，在青春的眼睛中，世界是最美妙的。之前的童年和少年对世界充满了好奇，但还没有足够的知识和经历去感受世界的美妙；而步入中年后，世界就像你长期居住的房间，即使装修得再华丽，每天都看，也麻木了。

我在一个偏僻的山谷工作了近30年，记得当初来报到的那天，我对周围那些高耸的山峰充满了向往和激情，当天下午就爬上了其中一座，那座山几乎没有路，我的衣服都被荆棘划破了。我决定以后每个星期爬上周围一座新的山峰。后来工作忙了起来，我就安慰自己，我可能要在这里度过一生，有的是时间去登那些山。现在，我永远离开了那里。走的那天，当列车开动时，我悲哀地发现，在过去的29年中，自己再也没有爬过这里的第二座山。而当年那个年轻的我，在舟车劳顿后的那个炎热的下午，居然有兴致和精力去登上那样一座没有路的陌生的山峰，无论从理智上还是精神上，现在的我都百思不得其解。

回到那篇科幻小说，小说的结尾，又换到一个年轻身体的主人公坐在公园里，他一贫如洗，饥肠辘辘，却沉浸在从未有过的幸福中。他庆幸在一场人生的击鼓传花中及时把花丢给了下家。他由衷地对自己说："年轻真好！"

兴趣不是最好的老师

潘小娴

刚读大学时，我的兴趣十分广泛，阅读、摄影、书法、吉他，再加上各种体育、娱乐方面的爱好，一天到晚忙得不亦乐乎。自己心里也觉得挺充实的，心想，终于闯过了高考这座独木桥，还不赶紧享受自由自在的大学生活？于是，我整日追逐着各种热闹事，虽然有时候师兄师姐也会好心地提醒我不可太过闲散率性，但我总能给自己找到率性而为的理由。

可是，大一一年下来，我心里总有些忐忑：专业方面的知识，说不懂吧，似乎全都懂；说懂吧，似乎又都不完全了解。那时候，虽然我的心里隐隐有了不安，但我并不知道这些不安的来由，也不知道该怎样去克服。

正在这时，中文系新上任了一位主管教学的副主任。这位搞古典文学出身的老先生可谓三句话不离本行，上任后第一件事，便是要求全系学生每人背诵一百篇古代文学作品。全系顿时哗然！当时正值经商热，许多大学生也通过勤工助学等方式在商海的岸边跃跃欲试，哪里有工夫正正经经地背古文？回想起平时上古典文学课，我们都忍不住要问老师一句："学古典文学到底有什么用？"如今不管三七二十一，就要求每个人先背一百篇古典文学作品，我们去哪儿给自己找到兴趣、找到动力呢？

　　于是，很多同学决定采取磨洋工的方式跟系里对抗，我自然也是其中一块超级耐磨砖。想想，背一百篇古典文学作品，要耗掉我多少参与各种热闹事儿的时间呀？我怎么可能沉得下这份心呢？

　　然而，系里的执行措施却似铁板钉钉不折不扣。那时候高校还没有扩招，全系才两百来个学生，却有四十多个老师，所以，老师管起学生来也特别积极勤快。我们的班主任与教古典文学的老师分头紧盯学生，务必保证人人过关。老师们还干脆定死过关的时间，到时过不了者一律加倍背诵！

　　虽然我们已经松散了一年多，但毕竟架不住系里这种"高压"。于是，每天早起晚睡的有之，躲在小树林里大声朗读的有之，一个人躺在床上喃喃自语的亦有之，总之人人拿出自己的过关法宝，精疲力竭地对付了相当长的一段时间。奇迹般，我们真的人人都过关了。

　　直到这时，发起这次被我们称为"魔鬼训练"的老先生，才到班里与我们对话。他说："兴趣是最好的老师，这顶多只在幼儿启蒙阶段哄孩子们听。对于一个肩负着事业重任的大学生来说，怎么能仅仅由着自己的兴趣一日日得过且过呢？过分广泛的兴趣，过分浮浅的阅读，只能给人带来浮光掠影、浅尝辄止的收获。这些收获根本无法给你们今后的事业带来强力的支撑！"

　　最后，老先生还引用朱自清先生的话告诫我们："学文学而懒于记诵是不行的……与其囫囵吞枣或走马观花地读十部诗集，不如仔仔细细地背诵三百首诗。这三百首诗虽少，却是你自己的；那十部诗集虽多，看过了就还给别人了！"

　　我豁然开朗，一下子就明白了自己此前感到不安的原因，也明白了自己一年多来忙忙碌碌却没有多少收获的原因。此后，我学会了集中精力，不再过分泛滥地参与各种校园活动。不久，我又自觉地找来《李清照全集》《舒婷诗集》等大部头作品，一遍又一遍地诵读，直至多数都能够背诵出来。很快，我也能写一些诗歌了，并且不断有作品得以发表，同时我对今后的职业道路也有了明确的规划。

　　大学毕业以后，虽然我的第一份工作和大学所学的专业没有多少关系，更谈不上有多少兴趣，但是，我并没有感到失望。就像那位老先生说的——对于一个肩负着事业重任的大学生来说，怎么能仅仅由着自己的兴趣一日日得过且过呢？所以，每当面对厌烦的工作或事情时，我总是想起老先生的话，于是，不管我是否喜欢手头的事，我一般都能沉静、耐心地对待。

别钻进青春的死胡同

辛夷坞

许多人觉得我写了《致我们终将逝去的青春》，就一定对青春有着更多的感悟。事实上，我和大家一样，都是青春曾经领养的孩子，你哭，它笑。我玩着一个童年的布娃娃，一不小心跌倒，感染人生第一场忧郁，又开始学会做爱情的美梦，最后醒来的时候，你突然跟身边的人发出疑问：我们什么时候长这么大的？而就在这个时候，或者更早，青春不动声色地拿走了我们所有的伤疤。

这是一个昂贵的梦。

我们都输了却不自知。青春是楚门的世界，没有谁可以逃出它的掌控；青春是一场黑暗，它做了一层密不透风的茧，然而有光，让你可以看得到外面的世界，让你肆无忌惮地哭泣、挣扎。青春歌颂每一个清晨和黑夜，所有人都在打磨关节，把自己拉长，同时，思想也大规模出动，围剿每一个昏昏欲睡的脑袋。

青春是一个圈套，然而是善意的。

你虽然永远赢不了它、躲不开它，但是它终究会从你身边离开，干脆到连声招呼都不打、连个背影都不留下。然后你觉得自己解放了，前方面对的却是更多的圈套和陷阱。这个时候，你想起之前的每一次流泪、每一次跌倒、每一次愤怒和无助，当然，也有每一次侥幸的或是笃定的小小胜利。于是，你决定往前迈出第一步，褪去所有的青涩和稚嫩。即使第一步就崴了脚，你也没有流泪。你会苦笑、自嘲，拿高跟鞋撒气，然后继续一瘸一拐地赶路。

你知道回不去了，青春已是一场回忆。而人生越往前，你越怀旧，越感念青春的美好。你翻着初恋对象写的分手信，"瞧瞧，那时候，连欺骗都是真的"。你连夜赶着一个策划案，想起刚上大学时，一个人拖着个大箱子，局促而又兴奋地去报到。后来，你不再会听着学友哥的演唱流眼泪，甚至连爱人的一个拥抱都要计算时间成本，你住进了高楼，坐进了汽车，你没有快乐甚至悲伤，只是对着人生的下一个路口，烦躁地按喇叭。再后来，又有很多人、很多梦想从你身边走开，他们离开的速度快到连回忆都来不及留下。你最后握住的只有青春的回忆，一屁股坐在沙发上，陷进去大半个人生，翻开影集，突然间泪流满面。

你终于原谅了青春，也终于懂得了感激。你终于开始承认它是你的生母。人生的密码早已在你懵懂初开的时候一把全塞到了你手里。只是那时候，我们不懂得细细咀嚼。

现在你知道了，在那些恣意飞扬的岁月里，我们每一个躁动不安的梦想、年轻气盛的誓言、猝不及防的暗恋、义无反顾的冲锋，其实都藏着一颗颗饱满的种子，它让我们有了脊椎，有了思想，有了人格，通晓了嘴巴和手的真正功能。在人生每一场来势汹汹的暗战中，你保全了自己。然后，一有机会，你完全可以朝着你想要的精彩和骄傲一路狂奔。

所以，在你离开青春后的每一天，如果人生真的遇到了太多怀疑、挫折、彷徨、无助，你要好好想想，曾经青春岁月里的你，会怎么办。

朋友，青春不是死胡同，它终将逝去，却远未逝去，像本读不完的书，一直给你温暖和力量。如果你善待它，懂得感恩和回报，它会在你认为的每一个人生的死胡同前笑眯眯地等你，并拿出一把把钥匙，就像拿出你小时候期待已久的糖果。

喜欢的人

赵 瑜

身边的人都知道我有了喜欢的女生，看她常戴着一顶黄色的毛线帽子，就说我喜欢上了一个黄色小帽子，简称黄小帽。

黄小帽短发，是班里补录的学生。补录生比我们晚到了一个月，我作为临时班长，负责接待她，照例会有一番吃饭睡觉指南式的问询。她眼睛好看，我喜欢看她；她有些羞涩，这让我对她更有好感。

她给我的第一印象是，她不是一个陌生的女孩，我们两个仿佛有很多话说。

我们时常坐在一起说话，讨论老师的声音、同学的性格，以及餐厅里某个窗口的勺子要大一些。还有就是，我会给她看我新写的诗句。她呢，恰到好处地表达喜欢，甚至还认真地抄在她的笔记本里，以让我放心。是的，她的喜欢是确切的，可以被证实的。

我终于发现，她写了一手漂亮的钢笔字。她的字有欧体的底子，果然，她一捏毛笔我就看出来了，耐心，透露着家学。那时，我正喜欢向外面投稿，写好草稿以后，会交给她，说，你帮我抄写清楚。她倒也习惯看我潦草的字迹，仿佛在那一份潦草里，她看到了我日常生活的粗略。有时候，我在图书馆做的一些读书笔记，字迹太潦草，过了些日子，我不认得了，会拿给她看。她给我用工整的字标注得清清楚楚，她竟然比我自己还了解我书写的习惯。

这真是一份相互阅读的欢喜了。我那时深信她是喜欢我的。有一次，我往她的书里夹了一封情书，只写了"一封情书"四个字。我当时想，我略去的内容，她大概应该猜得到，反正，她熟知我抒情的套路以及用词的范围，即使我在给她的情书里，多加一些糖果味道的形容词，也不会超出她的想象力。

然而，我的简略的情书是我对爱情的想象。我过于矜持和自恋了，我以为，我给她写下这四个字，她就应该自己通过合理的想象补充完整里面六百字的甜蜜。哪知，她给我的回答是：书打开看了，从未发现有小字条。

或者她说的是真的，的确没有发现我夹在她书里的字条；也有另外的可能，就是她并没有接受我自以为是的"情书概略"。

此时已是夏天，她的帽子早已在春天的时候被几声鸟叫掠走。因为她名字里有两个"木"，所以又被我的同伴称为"两棵树"。我还专门为她的新名字写了一首诗，有这样的句子："两棵树很美丽，我想，我必须是一只鸟，才能飞过树吗？"

同伴们便打趣我说，诗写得不确切，应该是"飞上树"。这些坏人。

我常常想，我和黄小帽的恋爱经历其实是一种简单的合作关系，那便是，黄小帽帮助我抄我写的稿子，我呢，就负责在稿子里偶尔向她倾诉爱慕。然而，她始终没有将她抄写的这些好词好句存到她个人的存折里，而是流水一样，流远了。

青春有时候真让人伤感，两个人相互看着，在心里相互喜欢着，却在见面的时候说着疏远又礼貌的话。多年过去了，每每想起"黄小帽"这个称谓，我都恨不能找一块橡皮，将那些虚度的时光擦去，将两个人的关系挤在一起。拥抱是多么美好啊，可是，我们连手都没有牵过。

和两棵树的关系终于亲密了一些。有一天，两棵树病了，我得知后，到宿舍去探望她。因为是假期，她们宿舍只有她一个人。我坐在她对面的床上，远远地和她说话。

宿舍里没有凳子，我在心里斗争了很久，也没有坐到她的身边。那一刻，我确切地知道，两个人说话的内容与距离关系密切，如果我坐在她眼前，说的话一定是亲昵的、隐私的；而坐在对面的床上，我说出来的话，堂皇又客套。每一句话说出来，都让我厌恶自己，让我觉得，我正一步步远离自己的本意。

暑假，我在老家的院子里看书，忽然看到她在我书上留下的字，就十分想她。那个时候的想念，执着、浓郁又专心，可没有电话，只好写信给她。

我用了一下午的时间，写了封长长的信。冒着雨，我骑车到乡邮政所，将揣在怀里的信寄出了。总觉得，那信上还有我的体温。骑着自行车到乡邮政所的路，是我那年走过的最为甜蜜的路。信寄出去以后，我开始想象她收到信后的情形，想象她是喜悦还是不屑，我甚至天天坐在院子里发呆，想着她是不是正在给我写回信，或者写好了回信，觉得没有写好，又撕掉重写。

我没有收到回信。

终于熬到开学，我迫不及待地去找她，教室、宿舍均不见人。来回上楼梯的过程中，我和无数人打了招呼，却不记得一个人的样子，我满腔的热情都集中在见到她第一句应该问她什么。

信？那封信？还是，什么都不说，只是静静地看着她。

可是，我耗去了全部的热情也没有找到她。这像极了一个暗喻。我在想她的时候，她并不在场。想念这种事情，最好是频率相同的，不然的话，就会成为双方的烦恼。

到了晚上，见到她，我发现我已经没有话想同她讲了。而她并不知道我前后找她多遍的热烈，她平静地问我暑假都做了什么。我狠狠地告诉她，暑假我只写了一封信。

　　她愣愣地，看不懂我为何如此激动，只是笑。那几天，她为新一届学生的欢迎仪式忙碌着，不再是两棵树，倒像是一只鸟儿，一会儿在树上栖息，一会儿在空中飞翔。

　　我的感情过于浓缩了，被一封信取走了一大半，剩下的部分，在心里慢慢结冰，然后融化成几滴悲伤的眼泪。

　　某个月夜，我写了一首诗，大意是表达孤独感，抄在自己的日记本里。后来，又自己抄在方格稿纸上，投寄了出去。

　　我喜欢的人，终于在天凉的时候，又变成了黄小帽。青春期的喜欢终不过是纸上的一场战争，一场大雨就淋湿一切，胜败模糊。

关于离别的四个词语

辉姑娘

一

认识小信是在大二那年的夏天。那时候广院门口有个叫"西街"的小市场，破破烂烂的，生意却特别好。我记得街口有个卖青菜肉丝炒饭的，连店面都没有，生意却好得不行。小信就是这家卖炒饭的旁边的一个西瓜摊摊主。我们初次见她都有些惊讶，对于一个瘦瘦小小的女生独自出来卖西瓜颇感怀疑，可事实证明，小信的生意是那个夏天西街上最好的。

她搞到一辆破烂的小汽车运西瓜，汽车后厢居然被她装上了一台冰柜，西瓜存放在冰柜里。那年北京的夏天骄阳似火，我们住的宿舍楼没有空调，结果可想而知，冰镇西瓜的出场让所有人眼睛都绿了。我常去买瓜，买得多了便渐渐与小信熟络了。

我知道她是附近一所大学的学生，勤工俭学出来卖瓜。她每天5点起床跑到水果市场去进货，再赶着中午和晚上学生放学的时间出来卖瓜，我听着都觉得累。我说："这么辛苦就少卖一点啊，你的学费应该早就攒够了吧。"她笑了起来，摇摇头说："不够。"

彼时我们坐在西街路口的台阶上，啃着她卖剩下的最后两块西瓜，"噗噗"地吐着西瓜籽儿。她说她赚的钱一半给自己付学费，另一半要寄去东北某个城市给她的男朋友。这个答案让我有点难以置信，说："难道他一个大男人，不能自己赚吗？"她有些害羞地抿起嘴，说："他整天泡在实验室里，很忙的。再说他马上要考研了，不能分心，他家庭条件不太好，我想多寄些钱给他，让他把精力都放在学习上。""那也不能花女人的钱啊。"我的语气很冲。小信只是笑，不再说话。

小信每次都独自去拉货，上百斤的西瓜，居然都一个人扛上车，比很多大老爷们儿还厉害。有一次，一个男人来买瓜，却对她动手动脚的。小信二话没说，一手拨了110，一手抓起西瓜刀逼住了他。警察赶到的时候，正看见她把半个西瓜扣在那男人的头上，红色汁液流了一地，从远处看去，像一个戴绿帽子的男人被打得脑袋出血。

我刚好赶到，看到她面无表情，握着西瓜刀的手却捏得死紧，手指都变了形。我把她的刀夺下来，抱住她，跟她说"没事了，没事了"。她居然还能"咯咯"笑出声来，说："你干吗啊，我当然没事啊，现在有事的是那个'绿帽子'。"她一边笑，一边从我的怀里慢慢地滑坐在地上。我能感到她在剧烈地发抖，怎么也停不下来。

那一年的北京还没有雾霾，夜色清凉如水，我们彼此紧紧倚靠着坐在那片遍地狼藉、冰冷坚硬的水泥地上，头顶是偌大的漫漫星空。

大四那年的冬天，是记忆里最冷的一个冬天。据说东北降了百年不遇的大雪，冰雪封城，所有人进不去也出不来，小信急了，她男朋友就在东北某座城市里。她觉得这雪降得太猛也太早，男朋友家里的冬衣应该还没有寄到，一定会把他冻坏的。考虑再三，她决定前往那座城市。

我极力反对，但是显然反对无效。她买了满满一大包的冬衣，还有许多她男朋友喜欢吃的东西，又买了一张最便宜的大巴票——事实上，当时飞机和火车都停运，她也只能选择大巴。那个怀着满满爱和期待的小信，终于出发了。

二

那场大雪下得漫长而扎实，大巴车在行进了大半天以后，在深夜被困在了高速公路上。前后都是车，当时小信离要去的城市只有十几公里，却寸步难行。小信心中焦急，于是她做了一个特别大胆的决定——下车步行。

很久以后，她每每跟我描述起这个场景，我都无法想象，一个单薄的女孩儿，背着一个沉重的、装满了冬衣的大包袱，一步一步地在大雪中行进了十几公里，她究竟是怎么做到的。

那所大学在非常偏僻的郊区，夜里荒凉极了，偶有路人，周围的村落就会响起一声声凶狠的狗叫，十分吓人。然而最艰难的并不是这些，而是一条通往校门口的雪路。说是雪路，其实是东北下过一场夜雪之后，雪化水，水结冰，冰再盖雪，再结冰……这样一条长长的冰路。

小信说她也不记得，自己背着包袱在那条冰路上摔了多少跤，只知道摔到最后整个人都麻木了，连周围的狗叫声也听不见了。她甚至已经完全忘记了自己一个女孩独身行进在这样荒无人烟的地方是一件多么危险的事情。可她终于还是走完了那条路。她跌跌撞撞地到了传达室，请求老师通知那个男生，她来了。

他终于出来了，远远地向她走过来，校门口唯一的一盏昏黄的路灯下，大片大片洁白的雪花纷纷扬扬飘落下来，落在他黑色的大衣上。她望着他，看着他在她的面前站定。她张了张嘴，却发现浑身都冻僵了，居然已经说不出话来。

他说的第一句话是："你怎么来了？"她不知道该怎么解释，忽然想起身上的包裹，连忙取下来，用冻得动作迟缓的手笨拙地打开，把衣服捧给他。他却只是皱着眉头看着那些衣服。她盯着他的眼睛看，然而脸上的表情从期待渐渐变成平静，最后又渐渐失去了所有的表情，他终于还是冲她点了点头："这些衣服，我会穿的，可是——"下一句话刚要出口，却被她硬生生打断了。"谢谢你。"小信说。这是一句很荒谬的话，她为他顶风冒雪千里送衣，她对他说的第一句话却是"谢谢你"。

可是她宁可先说出口。只因为她更害怕听到他对她说出这句话。他说："对不起。"她说："没关系。"什么都不必说，也不必解释，有时候最简单的对白，你已经足够明白对方的心是冷是热。她抬起头，最后看他一眼，说："再见。"她转过身向着来时的那条冰路走去。"哎——"他喊她，大约是心里终于生出了一丝内疚，"天太冷了，要不然我帮你在学校借间寝室，你住一晚再走吧。"她回头，冲他笑了笑："不必了。"她急匆匆地走，不敢再回头。

她以为这条路将永无尽头，直到一辆车停在她面前。司机摇下窗子，冲她喊："闺女！这大半夜的，你要去哪儿啊？"她说出附近城市的名字，司机想了想说："上来吧！"

她终于还是上了车，死死地抱住胸前的小包，那里只剩下一张回程的车票与十元钱，司机似乎毫无察觉，还在与她搭讪："你是哪里人啊？怎么这么晚还在这边？一个人不害怕吗……"

她不吭声，只是浑身缩成一团，怔怔地看着窗外的景色，却愈加心慌起来。直到车停下，她整个人却已经因为高度紧张而昏昏欲睡。司机叫了她一声，她浑身一激灵，冷汗"唰"就下来了。"到了，下车吧。"

她茫然地推开车门，漫天的轻柔雪花紧紧拥抱住了她，风静声和，四周高楼上的灯火星星点点蔓延开去，专属于城市的温暖气息扑面而来，脚下是坚实的地面，她终于不会再摔倒了。小信的泪水在一瞬间夺眶而出。

在那个大雪纷飞的北国夜晚，所有的绝望、泪水、恐惧都显得那么微不足道。22岁的小信，失去又得到一些东西，也终于明白了自己真正的需要。

不是甜蜜的西瓜，不是肆无忌惮地付出的青春，也不是路灯下那一场灰飞烟灭的惨淡爱情。

活着，并且只为自己好好活着，比这世间的一切都重要。

三

上个星期我与小信重逢的时候，她已经是一家跨国公司的人力资源部总监。身材依然瘦削，带着亲切熟悉的微笑，饭局结束时她抢着结账，我则抢着把她钱包里那张一家三口的合影拿过去看了很久。

我本是不欲聊起以前的事情的，怕揭人伤疤不妥。倒是她坦然回忆，云淡风轻。我笑起来，想着，但凡可以轻松自嘲并一针见血，大多是真正的遗忘吧。临走的时候，我把那张照片还给她，递出去的一瞬间，目光忽然扫到背面写了几个词。我没细看，但心里猛地一颤，然后手就下意识地松开了。

在我们的心里，每一棵脚下盛放着灼灼花朵的树，其下究竟埋藏了多少永不能见天日的秘密。那些难以启齿的爱，那些刻骨铭心的故事，那早已辨不出色泽的一捧春泥。然而终究无法深挖细掘，一探究竟。因为所有的初绽，早在枝头就已定好答案。

某次打电话给小信，终于鼓起勇气犹疑地问："你照片背面的字，你先生看到过吗？"她轻声地笑："谁没有一张写着字的照片呢？"翻过去，是读不懂的词语；翻回来，是笑容明媚，一片朗朗春光里的幸福。

谁不曾在年轻时做过一个不计后果、只懂付出的傻瓜，一场感情如大雪将至，轰轰烈烈，无可挽回。对方却是那个轻描淡写的扫雪人，天明时，人与雪都悄然远去，了无痕迹。

幸好，我们不再爱人逾越爱自己的生命；幸好，我们终于等到雪霁天晴。这是最好的结局。

不必畏惧，其实这世间所有曾经让你痛彻心扉的别离，无非都是四个词语。

谢谢你。

没关系。

再见。

不必了。

你会像一粒扣子一样示弱吗

风为裳

一

人常常会有夸大悲伤的习惯，就像我的同桌宋流年。我这样说他，他肯定会不高兴，摆出惯常的臭脸，一副"你懂什么"的表情。

其实我什么都懂。我的生活也不是大家看到的那么完美。

我妈生活的全部意义在麻将桌上，只要有麻将打，她的脸就笑成了一朵花，又是秧歌又是戏的。我爸喜欢喝酒，他最常跟我说的一句话就是："你爸没啥本事，也没啥爱好，这辈子就爱喝两口，将来你若是孝顺爸，就给爸买酒。"

我讨厌透了这种生活。很多时候，放学后我不爱回家，在学校周围的小公园里转。也有流里流气的男孩上来搭讪，他们说："美女，陪我们去玩吧！"

但我是个好姑娘，我没有跟坏孩子一起混，我也没有离家出走。

所以，我鄙视宋流年，我对他只是父母离异就摆臭脸表示了极大的愤怒。我见过他的继父，他对宋流年很好。

二

我爸出事那天，我的左眼一直跳。我不迷信，但就是觉得有什么事不大对。后来证明是发生了不好的事，再怎么样，我都是他的女儿，有心灵感应的。

我爸喝醉酒去工地，从脚手架上掉了下来。

我很想恶狠狠地说他一句，我早知道会这样。但是，他闭着眼睛脸色苍白地躺在床上，我能说什么呢？

我妈只会哭。于是，我去找医生，又去找工地的包工头。包工头很傲慢，他说："责任不在我，是他喝醉了酒。"

"我知道，我不是不讲道理的姑娘，我没想赖你。但是，请把欠他的工钱都给我，我爸要治病。"

包工头没想到那个酒鬼有我这样一个女儿，他叫会计把钱开给我，然后拍了拍我的头说："好姑娘，有什么事尽管来找我。"

我回到医院时，我爸在喝粥，他穿着的睡衣上有一粒扣子松了。我让妈找针线给爸缝上。我说："就是生病，也不能不像样子。"

我妈乖乖地去了。她弯腰缝扣子时，我看到她的头发都已经有些白了。她从前设想过的生活也一定不是现在这副模样。

那天晚上，在回家的路上，我说："妈，玩麻将有意思吗？"

我妈的目光看着公车外的某一处，好半天，她说："没意思，没意思透了。但是，生活总是要逃避，不然怎么过下去呢？"

那么久，我没有跟我妈好好说句话，我没有认真听她说过什么。她下岗，丈夫做很累的活儿，我伸手只是要钱，她的心里大概也落满了灰尘吧！

我突然觉得自己长大了许多。真的，人长大真的只是一瞬间的事情。

三

那天晚上，我抱着枕头睡在了妈的床上。我说："妈，你白天缝扣子时，我想，其实人可以像那粒扣子一样示弱。那粒扣子肯定是在衣服上被绑累了，它就松懈下来，告诉别人它累了，它想休息一下，而不是假装坚强，直到崩落下来。"

我妈瞪着眼睛，我想她没明白我说什么。我说的意思是，我们是亲人，我们可以把自己内心最软弱的话说给彼此听。所有的困难我们大家一起面对，然后想办法。

我妈没想到我会突然说这些，眼泪涌了出来。那天晚上，她说了很多话，像我同桌宋流年一样，我想她的那些话肯定也像沉积的雨水一样积在心里很久了。我妈从前竟然是文学女青年，在学校里还是校刊的编辑。她长长地叹了口气，说："现在日子过成这样，简直不敢回头看。"

我搂住我妈的肩膀，说："你才40岁，还有大把的日子过，叹什么气。"

人家说塞翁失马，我没想到我爸出事竟然是我家的转折点。我跟爸约法三章：再不许喝酒了，不然，我离家出走。

我爸说他这辈子还就怕我这个宝贝女儿。我心里笑，怕就好。我成了他俩的监工。我跟宋流年说："我厉害吧，人家父母教育孩子，我是孩子管着父母。"我妈偷偷去打麻将，我去了没客气，我说："马兰花，如果你想在你女儿心中做言而无信的人，那你就继续。"

我爸跟我商量可不可以少喝点，一顿只喝一小杯。我板着脸："能喝一杯就能喝一瓶，你看着办。"

我也会像一粒示弱的扣子一样，我跟他们说别人家的父母是怎么疼孩子的，我想去公园跟他们野餐，我想要条漂亮的裙子，我想跟他们去必胜客吃比萨……

他们是爱我的，所以，他们会为我的愿望努力。这样就够了。

我妈去做钟点工，一个月后，她去了一幢大厦做保洁员。再一个月，她的工作得到了部门的认可，她手下管了两个人。

我爸不喝酒时技术本来就很好，他的奖金成了工程队里最高的。我生日那天，他们带我去吃比萨。其实，我并不爱吃那东西，那么贵，还不如街边卖的馅饼好吃。

但是，我们三个吃得都很高兴。我爸说："姑娘，我们包工头一直夸你，说你会有出息。"

我笑了，那当然，我连父母都能领导好，将来，没准是做企业家的料。

我不但是个好姑娘，我还是个自信的姑娘。或许正是因为自信，我才能坦然承认自己的软弱与疲惫，所以我会常常对身边的朋友说：别总撑着装坚强，你会像一粒扣子一样示弱吗？

你所不知道的青春

包利民

一

山高林密，大雪飞扬。

一群身影在高山密林中艰难地穿梭，每一步都会在厚厚的雪上留下深深的脚窝。那是一群年轻的身影，一张张青春的脸，冰天雪地没有冻结他们冲天的豪气。

那是抗联队伍中最年轻的一支小分队，平均年龄只有18岁。经过在鬼子的包围圈中长达一个月的奔走之后，他们只剩下19人，其中有三名女战士。他们一次次地将战友埋葬，又一次次地踏上征程，把含泪的痛与带血的恨深藏在心底。虽然不知道还要走多远，还能走多远，虽然知道还会有同伴倒下，长眠在这片山林之中，可他们的脚步始终坚定如初。

毕竟是十多岁的少年，在艰难的境遇之中，他们依然散发着青春的活力与朝气。他们有时会聚在一起低声唱歌，唱那个年代的歌曲，有雪花在身畔轻舞。那样的时刻，仿佛没有枪声，没有战争，天地间只有飞雪与歌声。最小的女战士才16岁，负了伤，由于寒冷和严重失血，已经到了最后的时刻。她看着同伴，低声说："再唱一首歌吧，我想听你们唱歌！"歌声响起，是那首广为流传的《露营之歌》："朔风怒吼，大雪飞扬，征马踟蹰，冷气侵人夜难眠。火烤胸前暖，风吹背后寒……"她在歌声中慢慢闭上了眼睛，脸上带着浅浅的笑。

有一个少年战士，躲在一棵树上放哨，敌人来的时候，他没来得及下来，便让大家赶快转移，他在树上用枪声吸引敌人。他成了一个不能移动的靶子，身上不知中了多少弹，可他没有从树上跌落。当敌人撤走后，同伴回来找他，他依然在树上，左手紧握着刀柄，刀深深地刺入树中，以至于同伴们费了很大的力气也没能拔出来。埋葬了他之后，那把刀依然插在树上，刀柄上的红布随风飘扬。

当这支小分队冲出敌人的包围，与主力部队会合时，只剩下了五人。40多个如花的生命陨灭在林海雪原之中。如今那一片山岭依旧树木葱茏，那是他们永远跨不过的青春，日夜在守望。他们的青春，没有新潮的服饰，没有欢歌派对，甚至没有美丽的爱情，有的只是战争的残酷与凄凉，还有一腔热血和一颗驱逐外侮之心。

二

那一片山岭，那一片密林。青青翠翠的山，摇摇曳曳的白桦林。

同样的一群年轻身影，在山中林内挥汗如雨。那是一个火热而苍白的年代，那么多的知识青年在高高的山、密密的林中跋涉过自己的青春。日子艰苦而蓬勃，为了心中那份虚幻的狂热。可是，当繁复的劳动将那些火热消磨殆尽，当前路在年复一年中看不清楚，他们茫然失措，他们寂寞失落，就像山谷中那一丛丛纷纷开放又凋落的花。

于是有了爱情。爱情可以让他们暂时忘却身在何时何境，可以让他们拥有温暖彼此的力量。他们喜欢在白桦林中漫步，喜欢在满地斑驳的阳光中让心绪随风飘荡。那份爱，那份情，那些地久天长的海誓山盟，只有身边的白桦林知道，只有静默的群山知道。

知青返城之后，那些白桦林便逐年减少了。在那些仅存的林中，在那些树干上，有时还依稀可辨当年刻上的名字。那些字迹已随岁月漫漶，那些青春也早已消散。只是有风吹过时，满树的叶子沙沙作响，仿佛还能听见当年的寂寂足音与依依低语。高高的白桦林里，他们的青春，他们青春中的爱，依然在流浪。

三

如今我又踏进那片山林。

那么多年过去，那么多人的青春如云飘过，满山的树依然刺破青天。道路曲曲折折，崎岖坎坷，我历尽舟车劳顿，来到这远如天涯的地方，触目可见的除了山，除了树，便是闭塞与贫穷。

在一个山脚下，散落着几个小小的村落。正是黄昏，炊烟袅袅与浮岚接成一片。山坡上较平整处，有几间石头房子，那便是我此行的目的地——几个村子共有的小学校。

教室里极昏暗——这里甚至还没有通电。两个老师正坐在落日的余晖里备课，他们身旁，燃烧的木头上架着的铁锅里，粥香弥漫。这是两个20岁左右的年轻人，他们刚刚从师范学校毕业，便自愿来这贫困的山村小学任教。在他们来之前，这里连学校都没有，于是在一年级的教室里，有许多十三四岁的孩子。

两个年轻的教师和我笑谈几个月的经历，眉眼间丝毫没有落寞与失望。大山的淳朴让他们依恋，大山的孩子也让他们发现了一颗颗璞玉般的心灵。他们告诉我，还有一个女教师，20岁，才来了不到一个月，这次回城里去联系希望工程，想在这儿建一所像样的学校。说到这些，他们的眼中都亮起了希望，像山顶刚刚出现的星。和他们一起喝过了粥，夜幕便垂了下来，一个老师拿出竹笛，清清亮亮地吹起来，我一时思绪飞扬。

忽然觉得，比起都市里的灯红酒绿和花前月下，这样的青春更美，像山顶正在升起的不染纤尘的月。

自渡彼岸

雪小禅

那年，他 17 岁。

家贫。过年吃饺子，只有爷爷奶奶可以吃到白面包的饺子。母亲把榆树皮磨成粉，再和玉米面掺和在一起，这样可以把馅儿裹住，不散——单用玉米面包饺子包不成。那种榆树皮饺子难以下咽。记忆中，可以分得两个白面饺子，小心翼翼吞咽，生怕遗漏了什么，但到底还是遗漏了——还未知是何滋味，已经咽下肚去。

衣裳更是因陋就简。老大穿了老二穿，老二穿了老三穿，裤子上常常有补丁，有好多年只穿一两件衣服，撑到上班，仍然穿带补丁的衣裳，照相的时候去借人家的衣服……

记忆最深的是他 17 岁那年的冬天，同村邻居有个 18 岁少年，有亲戚在东北林场，说可以上山拉木头，一天能挣 30 多块钱。他听了心动，于是两人约了去运木头，尚不知东北有多冷。他至今记得当时多兴奋，亦记得那地名——额尔古纳左旗，牛耳河畔，中苏边境，零下 49 摄氏度，滴水成冰。

每日早上 5 点起床，步行 20 公里上山。冰天雪地，雪一米多厚。拉着一辆空车上山，一步一滑。哪里有秋衣、秋裤？只有母亲做的棉衣、棉裤，风雪灌进去，冷得似乎连骨头缝里都在响。眉毛是白的，眼睫毛也是白的，哈出的气变成霜，衣服里鼓鼓的是两个窝窝头。怕窝窝头冻成硬块，于是用白布缠了，紧紧贴在肚皮上，身体的温度暖着它，它就不至于被冻成硬块咬不动。

不能走慢了，真的会冻死人。拉着车一路小跑，上山要四个多小时。前胸、后背全是汗时，山顶到了。坐下吃饭，那饭便是两个贴在身上的窝窝头，就着雪。到处是雪，一把把吞到肚子里去。才 17 岁，那雪的滋味永生难忘。

然后装上一车木头，往山下走。下山容易些，只需控制车的平衡。上山四个小时，下山两个小时，回来时天就黑了。

那是他少年时的林海雪原。

进了屋用雪搓手、搓脚、搓耳朵，怕冻僵的手脚突然一遇热坏死掉。脱掉被汗浸透的棉衣，烤在火墙边，换另一套前一天穿过的棉衣。晚餐依然是窝窝头。第二天早上照样 5 点起，周而复始。

一个月之后离开时，怀揣 1000 元钱。1000 元钱在 20 世纪 70 年代是天文数字，那时的人们一个月的工资不过二十几块钱。

回家后，母亲看着他后背上被勒出的一道道紫红的伤痕，号啕大哭。

那 1000 元钱，给家里盖了五间大瓦房。他说起时，轻声细语，仿佛在说一件有趣的事情，听者潸然泪下。

光阴里每一步全是修行，不自知间，早已自度。那零下 49 摄氏度的牛耳河，霸占着他 17 岁的青春，直至老去，不可泯灭。

谁没年少气盛过

张佳玮

　　1863 年，雷诺阿和莫奈在巴黎，不晓得自己将来会成为不朽的传说，只是安心画画。当时的年轻学生，穿衣打扮大多是波希米亚风。换句话说，以不羁为美。但雷诺阿后来描述说，莫奈的打扮很具有布尔乔亚风格："他兜里一毛钱都没有，却要穿有花边袖子、装金纽扣的衣服！"在他们的穷困期，这衣裳帮了大忙。那时学生吃得差，雷诺阿和莫奈每日靠吃两样东西度日：四季豆和扁豆。幸而莫奈穿得阔气，能找朋友们蹭饭。每次有饭局，莫奈和雷诺阿就蹿上门去，疯狂地吃火鸡，往肚子里浇红葡萄酒，吃罢别人家的存粮，才兴高采烈离去。

　　那时节，他们的思想比造型更叛逆。他们上着学院派的课，却讨厌学院派，讨厌安格尔，讨厌安格尔规定的素描套路。安格尔认为绘画以素描和线条为基础，于是雷诺阿索性不用线条。十三年后，雷诺阿完成了传奇的《煎饼磨坊的舞会》，这幅动人的画描绘了欢乐的人群和节日的美丽，最核心的部分是：阳光落在回旋的人群身上时，节日服装的鲜艳色彩如何悦目。近景的人物脸上光线斑驳，越往远处去，形象就越隐没在阳光与空气中。当然，全画都没有用线条勾图。

六年后，莫奈去了诺曼底，而雷诺阿终于去了趟意大利，看到了拉斐尔的原作。41 岁的他幡然醒悟，觉得自己一直误会了拉斐尔。从那之后，雷诺阿开始用线条作画了。

1900 年，刚 19 岁的毕加索给朋友写信说："让高迪和他的圣家堂见鬼去吧！"

那时，48 岁的高迪已经确立了自己的风格：对材质的想象力、对材料和色彩的感觉、铁装饰、抛物线穹顶、循环不停的门脸、动态空间。那时的毕加索喜欢西班牙画家格列柯，喜欢拉长形体，运用阴惨的颜色。1917 年，毕加索去意大利旅游后，也开始画一些线条柔和、暖色调的作品了。

罗伯特·休斯认为，毕加索到中后期，受了高迪的影响。约翰·理查德森则认为，毕加索不喜欢高迪，一半是因为艺术观点冲突，一半是因为 1900 年高迪对巴塞罗那的进步青年艺术家不信任，毕加索觉得自己受了排挤，满心愤懑。

明清之际的大师傅山，少年时学赵孟頫书法，后来明亡清兴，傅山仇恨清朝，连带对当年屈身侍元的赵孟頫不爽起来，就说他极不喜欢赵孟頫，痛恨他书法浅俗无骨。又过些年，傅山心情变了，于是写道："赵厮真足奇，管婢亦非常。"他到底还是对赵孟頫重新表达了佩服。

世上事大多如此。年少气盛，眼光锋锐，却总不免偏激；待到年长，看得多了，才品出以前没领会的妙处。类似弯路，雷诺阿、毕加索、傅山都走过。

《倚天屠龙记》里，张无忌离开冰火岛前，谢逊曾逼迫他背下许多武功要诀，还说："虽然你现在不懂，但先记着，将来总会懂的。"

许多东西未必需要喜欢，阅读游历，其实也不为都记下来，只是留个印象，在心里生根。日后触景生情，总会懂的。

一厘米的痛有多痛

手 语

一

我呆呆地坐在电话机旁，郁闷得想找个树洞大喊几声。应聘又要泡汤了，而且理由是那样让人难堪。可妈妈却得意地举着她买的香菇，非要我猜猜多少钱一斤，我不知道自己该哭还是该笑。

我耐着性子，先夸香菇肥美可爱，再夸妈妈聪明能干，然后把香菇洗净剁碎做成馅儿。我不声不响地擀皮，妈妈边包饺子边讲在菜市场里看到的笑话。她快活得像个孩子，我却只能勉强苦笑。

本来，我对这次应聘信心满怀，因为我的笔试和面试成绩都名列榜首。但今天却有朋友悄悄透露，这家公司有个不成文的规定，女职员身高不得低于一米六。

顿时，我像个泄了气的皮球，连呼吸都觉得艰涩。我从小就知道自己矮，跑步、跳绳、拉单杠，像个男孩子般疯狂地运动，结果也只长到了一米五九。而同桌的女生，连课间操都没认真做过，照样轻轻松松地长到一米六八。

这该死的一厘米，此刻让我的心痛到不能再痛，而作为这一厘米差距的主要责任人，妈妈却若无其事。

我羡慕身边的那些女孩：妈妈的手心手背、衣襟衣袖，随时都可以拿来擦眼泪；妈妈的肩膀怀抱，甚至膝盖肘弯都可以放心地依靠。有一个慈爱的妈妈，简直抵得过千军万马，底气足得可以与任何人分庭抗礼。

而我，从来没有享受过这样的福利。我是被当作一个男孩养大的：不能撒娇，不能任性，不能推卸责任，所有的纷扰与困惑都必须自己扛。这仅仅缘于我有一个比我更像孩子的妈妈。

她是家族中唯一的女儿，一家人不知要怎么疼她才好。那样小心翼翼地呵护，那样密不透风地宠溺，简直让她没有长大的机会。这注定了她的婚姻会失败，而我是她唯一的收获。

这些年，也不能说她不爱我，只是那爱太浅了，浅到只有一厘米。而这一厘米，无论如何也到达不了我的心。

电话铃响了，居然是那家让我郁闷的公司，说是主管请预备录用的新员工吃饭。我踮起脚，对着穿衣镜中的自己苦笑。我希望有个魔法师来帮忙，让我在到达餐厅时能神奇地长高一厘米。

这家餐馆很牛，菜半天上不来，服务员干脆把我们当成了集体隐身。主管不时走出去接电话，沉默的男士们在用手机玩游戏或上网，女士们凝然端坐，气氛沉闷。

这场面令我坐立不安，像是回到了七八岁的时候，家里来客人，妈妈不懂得招待，气氛尴尬，倒是我，落落大方地替她招呼客人。此刻，我又忍不住代服务员斟茶倒水，并见缝插针地替主管去催菜。菜好不容易上齐了，我见大家都僵着脸，便带头做自我介绍，向新朋友敬酒，捎带着讲了两个小笑话。

气氛立刻活跃起来。我悄悄舒了口气，可又在心里埋怨自己：都是一样的预备军，凭什么就我手脚发痒，像个跑堂的。而且，我又不是节目主持人，凭什么要负责让众人开心。归根结底，都要怪妈妈，她迫使我变成了一个世故的女孩，一点也不可爱。

可最后的结局是：公司愿意录用这个世故的不可爱的女孩。那场饭局根本就是一次决赛，主管说："你的表现太出色了，几乎想给你打一百二十分！"

二

难道根本没有身高限定这一说？我的郁闷随风而散，受伤的心自动痊愈。一厘米的痛，原来也只有一厘米而已，根本没有伤筋动骨。

我没有让公司失望，工作做得风生水起，颇受好评。事业顺风顺水，自信心便水涨船高，居然暗恋上一个出类拔萃的帅哥。据我目测，他至少一米八，如果可以，以后我的女儿，决不会像我这样为一厘米而烦恼。

可无论我的表现多么出色，那个帅哥给我的微笑和给所有人的微笑糖分都是一样的。我有些心凉：放眼看过去，全公司数我最矮，长得最不起眼，他要看上我，除非腋窝下也生了一对眼睛。

我不禁埋怨妈妈：看人家对门是怎么生女儿的，高挑的身材，瓜子脸，小蛮腰，鸳鸯腿，还附带赠送一对酒窝。哪里像我，也大了，也十八变了，可变来变去还是个丑小鸭。

妈妈立刻不高兴了，眼圈发红，鼻塞声嘶。我啼笑皆非，该哭的人是我吧？我赶紧安慰她，夸她声音温柔，眼睛有神，睫毛长长，是个经得住岁月揉搓的美人。她虽然有些不好意思，但还是偷偷地去卧室照了两回镜子，还自以为没被我发现。

看着那个高挑的美女频频对我心仪的人放电，我知道，再等下去，生米就要变成美女口中的爆米花了。

那次，公司组织慈善活动，在孤儿院里，有个小猫似的小孩子，不哭，不笑，连手指头也不啃，眼神茫然不知在看什么。

那个无助的表情，深深地攫住了我。我把他抱在怀里，抚摸他，吻他，喃喃对他说话。帅哥呆呆地看着，眼里尽是迷惑。育婴员笑了："这样的孩子就是要多抱，多跟他交流，可我们哪里有时间啊！"

那天，我们走的时候，孩子向我伸出手，哭了。帅哥看着我，目光里竟添加了新的附件。

又一个假日，我们在孤儿院不期而遇。帅哥学着我的样子，拥抱那孩子，给他吹口哨，做鬼脸。他问我："你如何懂得这孩子心里想要什么？"我告诉他，在父亲断然离去的那些日子里，妈妈一如那个孤儿，不言不语，不吃不睡。我拥抱她，跟她说话，给她一勺一勺喂粥，直到她能够哭泣、抱怨，且眼疾手快地跟我抢电视遥控器……

帅哥深情地看着我，目光像新熬好的麦芽糖。他温柔地问怀里咿咿呀呀的小孩子："你说，假如我有一个这样的女朋友，会不会永远幸福？"

那一厘米的尴尬，终于化成了千丝万缕的甜蜜。在婚礼上，我自己开心得像颗爆米花。

三

我刚刚怀孕，老公就被派去国外。妈妈兴冲冲地跑来照顾我，可她并不擅长做家务。

后来，我终于忍耐不住，指责她煮的饭太难吃，指责她拖过的地水渍团团，指责她烫过的衣服像腌白菜。她忍着，一直不说话。这样反常，倒叫我惊诧，终于讪讪地自动闭嘴。

第二天下班回来的时候，我看见桌子上放着煮好的饭菜，还有一封信。倔强而任性的妈妈，何时变得这样委婉了呢？我不禁好奇地拆开信。妈妈写道：

孩子，我自幼就被宠了满身的坏毛病，是你的出生改变了我：你的眼睛让我看见善良，你的哭泣让我懂得温柔，你的笑让我学会珍惜。

你知道吗？在你出生前，我喜欢睡懒觉、打麻将、看无所谓哪个台的电视剧。可你出生后，我狂热地看童话故事，读《十万个为什么》，并织成了有生以来的第一件毛衣，尽管那毛衣错针漏针无数……

有了你我才知道，一个合格的母亲，要有无数隐性的身份：出色的儿科医生，合格的营养师，优秀的厨师，十项全能的家庭教师，等等。因此，平庸而怯懦的我，变得勤奋而勇敢。我也曾想，如果做学生时有这样一半的努力，成绩也不会如此不堪。一个母亲的潜力到底有多大，是任何人都无法估量的。

可说到底，我是没有天分的。很多东西，看着别的母亲无师自通，而我总是弄得一塌糊涂。

请原谅我的笨拙。首先，我没能将你生成你想要的模样；其次，我是个粗心的母亲：你额上有个小小的疤痕，你的手臂骨折过，你得过贫血……

这些年，我爱得那么用力，却不断地让你沦为同学的笑柄：上小学时，你羡慕别人有会武术的爸爸，于是，我跑去少年官跟小孩子们一起学跆拳道；上初中时，你被蛮横的小女生欺负，我跑去学校门口跟她说理，结果被狼狈地气哭；上高中时，你总嫌自己个子矮，在种种方法都不奏效后，我买了江湖游医的增高药，你吃后胃疼，足足打了一周的点滴……

等我终于明白，那一厘米，我是没有办法帮你得到的，我便开始努力地学说笑话，想让你开心到放下那恼人的一厘米。

昨天，你竟然那样指责我，我一气之下想离开你，可又舍不得。这么多年了，我们的角色一直反转着：你照顾我，宠爱我。在你最需要人照顾的时候，无论如何，我都不能离开。

今天，我要去报两个班：一个厨艺班，一个婴儿护理班。我不知道，这一次我能不能取得好成绩。可我一直想像窗外的爬山虎那样，伸出所有的触手，一厘米一厘米地抱住你，直到你觉得温暖。

放下信，我端起饭碗——米饭仍然是水太多，排骨照旧炖得太烂，汤淡得没有味道。我一口一口地吃着，这些淡而无味的食物，给了我一种从来没有过的温暖。

贰

愿有勇气
去热爱

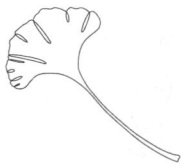

修行天路

非鱼党

【编者按】重庆到拉萨，骑车2557公里，海拔落差3000多米。家住重庆南岸弹子石的"非鱼党"（网名——编者注）热爱骑行，他9岁的儿子修修体弱，做事拖沓。2010年暑假，他决心让儿子和他一起骑车沿川藏线去拉萨。骑行中，修修每天都在成长，每天都给爸爸带来惊喜。47天后，父子俩看到了美丽的布达拉。"人一辈子总要在路上经历很多后，才会成熟。"一路上，不管多累多晚，非鱼党都会将整天的行路经历用相机和文字记录下来，发布到网上，记录儿子成长的全过程。本刊选载他博客的部分内容。

出发之前的半个月，我陪着修修锻炼。有一天，室外温度达到了40多摄氏度，我带着修修去爬南山。我的要求是，可以慢，但不准休息。骑行几公里后，修修喘得非常厉害，我心软得像一块棉花糖。临近坡顶不到500米的地方，他停了下来，俯下身子，吐了一地。我手忙脚乱地给他喂水、扇风、拍背，恨不得捡个棒子一下子把自己敲死在当场。我勉强说服自己的理由是，平时多流汗，战时少流血。

重庆到成都这条路我骑车走过，一边骑，我一边跟修修讲话。骑车很辛苦是不是？所有取得伟大成就的人，都经过很艰苦的磨炼。有一首歌是这么唱的：不经历风雨，怎么见彩虹，没有人能随随便便成功……修修马上接口唱道：阳光总在风雨后，请相信有彩虹……我不断地鼓励着修修，修修也加紧了步伐，有一段骑得很有力。

夜色朦胧，我们还在路上。修修已经很累了，话都不想说，全身关节疼得厉害。修修泡着豌豆汤吃了两大碗饭。我心疼地问："修儿，还要不要吃点其他的啥子嘛？"修修摇头说："不用，吃饱就可以了。"一句话，差点没把我的眼泪说下来。

蹲在卫生间的地上，回想着修修疲惫的样子，悔恨如潮。是不是要结束这一次的行程？随即又想，我夸下海口要和儿子去拉萨，现在半途而废，多丢人啊！这个念头刚一出来，我马上感到了自己的无耻。白痴、猪头、胆小鬼，你要用儿子的健康去维系你可笑的脸面吗？你需要儿子的勇敢来保持你所谓的自尊吗？你真的自私到不顾儿子的死活了吗？

从现在开始，我想明白了，修行天路，是我和修修的行程，我们可以按照自认为最合理的行程来安排。健康、安全并达到预期效果的骑行，才是成功的骑行，这也是我的初衷。我决定，放慢节奏前进，给他更多的适应时间，观察有可能出现的身体反应，随时调整计划。

到新津的时候我决定早早住下。第一次安排修修做作业，我惊奇地发现，修修做作业变快了。难道骑这么两天车他就脱胎换骨了？老实说，我不太相信。

出了雅安，沿着青衣江逆流而上。晚上住下后，突然听见修修说："爸爸，我流鼻血了。"我手忙脚乱地给他冷敷脖子、鼻子、后颈窝。修修说上次去若尔盖，没感到啥高原反应，就是流了一次鼻血。我心中又开始担忧起来。二郎山还好说，接下来的折多山呢？ 30 多公里上坡，海拔会爬升 1800 米左右。修行修行，修修到底行不行？

住在一个小小的食宿店，一个老婆婆带着两个小孙孙经营着这个店。老婆婆是厨师，孙子孙女都是堂倌儿。端茶倒水，上菜添饭，收碗抹桌子，都由他们做。我看着小孩忙碌的身影说："不知道这小孩多大？"修修接口说："9岁，我问过的，跟我一样大。"我说："那你看他在做些什么，你通常在家又做些什么呢？"修修不好意思地低下头，不说话了。穷人的孩子早当家，这句话之前就提过，但无论怎么说，恐怕都走不上这活生生的场面更具有说服力。读万卷书不如行万里路啊！

泸定到康定有25公里上坡，海拔从1300米上升到2300米，天路在向我们步步紧逼。我唯一希望的就是，修修不生病，老天不下雨。我一直把今天的后半段行程描述得很艰苦，同时我告诉修修，重视你的敌人，并且用全部的力量和技巧去对付他。如果在战斗的时候，总是幻想胜利即将来临，那样，心态就会浮躁。应该抱有这样的心态——胜利离我还远得很，要平心静气地面对一切。其实我自己又何尝能真正做到这样？常常渴望胜利离自己近一些，写了博客就期望点击过万，买了股票就期望每天涨停，往往事与愿违，进而患得患失。

从泸定开始，海拔上升得有点快，道路变得艰险。有些上坡，我都喘得很凶，有点担心修修。"修儿，爸爸都有点喘不过气来了。"修修大口大口喘气："……我也是。"我对修修说："如果你感觉不舒服，要马上给我说哟！"过了一阵，修修说："我头晕。"赶紧找个阴凉的地方让他休息。我提醒修修先慢慢骑，让身体逐步适应。修修掌握好节奏，很快进入了状态，沿路上很多骑友都被我们超过了。趁着修修的兴奋劲，我又跟他讲了一鼓作气，再而衰，三而竭的故事。

离垭口还有10公里时，修修的头晕变成了头痛，我只能让他多休息。随着海拔不断升高，每前进一公里，都意味着修修的身体要承受更多的折磨。我尝试鼓舞起修修的斗志。我说："别人歇气的时候，我们可以超过别人，但我们停下来，又会被别人超越。这个世界上，没有人会等你，你能依靠的，也只有你自己。"我啰嗦了一大堆，修修却低头不语。我把走或不走的决定权交给他。这一次歇了很久，给他吃了半粒止疼片，头痛的症状缓解了，但他还是赖在地上不起来。过了一会，不知道是头痛有所缓解，还是他感到继续休息有点不好意思，还是叫我出发了。

到垭口后，很多人围着修修拍照，说得最多的一句话就是"太牛了！"。折多山垭口海拔4298米，我一直担忧修修能不能骑上来，甚至打算在他骑不动的时候推他一把。可是他骑上来了，我很开心，我的修修是好样的！

在芒康县城边上，修修摔车了。嘴唇碰破了一点，流血了，但没有伤到其他地方。我问修修："还有没有信心骑？"

修修低头说："信心是有，但摔车之后，愿望就不那么强烈了。"

我说："那你自己考虑一下，如果不骑了，我们明天就坐车回去。"

修修沉思了一会说："还是骑。"

快到东达山垭口时，最后几公里是陡上坡，我问修修累不累，修修说不。我都感到很累，最后一段路，我要求歇了两次。东达山海拔5008米。回想在高尔寺山令人心痛的高原反应，对比修修此刻的从容，我由衷地高兴。

如果不算海拔4000米以下的山，在整个川藏线上我们已经翻过11座高山，米拉山会是我们翻过的最后一座大山。川藏十二峰，峰峰有脚印。

报纸报道了我们父子骑行的消息，原本普通的骑行，竟引起许多网友的关注。在喝甜茶等咖喱饭的时候，我对修修说："名声不等同于名誉，荣誉感不等同于虚荣心，不管媒体如何报道我们，网友如何评价我们，骑行结束之后，修修还是修修，不会变成齐天大圣。因为被关注，所以更要严格要求自己，争取在这次修行的过程中，汲取最大的养分。"

云层缝隙里吝啬地洒下几缕阳光，就着难得的太阳花花，我们赶紧吃东西。我递给修修一盒牛奶，让他自己选干粮。我以为他会选香脆的大米饼或者奥利奥，哪晓得他毫不迟疑地拿走了早上买的一块钱一个的饼子。

我问："你怎么要吃饼子呢？"

修修一边啃饼子一边说："饼子好吃！"

我说："饼子没得奥利奥好吃哦。"

修修望着脚下的尼洋河说："不对，饼子好吃些。"

我又问："为什么？饼子没有馅，又干。"

修修有点不耐烦了："我现在就是不想吃奥利奥！"

"为什么？"我又问。虽然已经隐隐猜到他选择的原因，但我还是想让他自己说出来。

"因为……"修修歪着脑袋想了一阵，"因为饼子更顶饿。"

我很高兴，在好吃和顶饿之间，他选择了顶饿，修修明白了自己最需要的是什么。

修修通过自己的感受，学会了选择最实用的东西，而不是那些华而不实的奢侈品。这是一个在很多方面都通用的道理。

离拉萨还有3公里时，修修回头看我，说："我怎么心情无法平静下来呢？"

我努力忍着将要夺眶而出的泪水，对自己说："老猫，不要哭！"

转过最后一道山壁，我们清楚地看到了布达拉。

布达拉啊，你在我们的修行中，仅仅是一个新的起点，但为何我们眼望着你的身影，会潸然泪下？布达拉啊布达拉，你巍然屹立在川藏线的尽头，此刻，让喜悦的泪花，盛开在你脚下！

2557公里。我们的修行天路在布达拉宫广场结束，而修行之路，却只是刚刚起步！

梦想的勇气

余 杰

　　前几天，我跟几个正在念高三的北京中学生聊天。当谈到"理想"这个古老的话题时，他们每个人的想法都让我大吃一惊。我以为这些男孩女孩最大的愿望就是考上北大、清华等名校，然而，他们当中没有一个人谈到这一点。

　　有个女孩说，她的理想是当一个电影人。这种电影人是纯粹的自由人，不依附于现有的电影制作和发行体制，与商业也没有任何的关系。她希望中学毕业后到美国去，用一半时间来念书，另一半时间则去周游世界。出门的时候，只带一个巨大的行囊。交通方面不用花任何的费用——一路上都可以搭好心人的顺风车；到了晚上，就到教堂里去住宿，然后在教堂做义工，作为报答。这个女孩说，她要拿着一台家用的普通摄影机，去拍摄那些真实的社会生活场景，去拍摄教堂天花板上庄严的壁画，去拍摄街头笔直的树木和熙熙攘攘的行人，去拍摄孤独而美丽的乡间小屋……她要认识各种各样的朋友，尝试各种各样的食品。她喜欢凯鲁亚克的《在路上》，而不喜欢三毛和尤今写的游记，她认为三毛和尤今的漂泊只是"走马观花"而已，他们看到的只是生活薄薄的表层，而她自己则要去发现更深沉的生命的真相。她还说，在四十岁以前不准备结婚，也就不会受到家庭的束缚，这样就能够专注地做自己喜欢做的事情，为自己一个人而活着。这个女孩的母亲是中央电视台的一位导演，在体制内过着兢兢业业的、职业女性的生活。母女俩的人生将是天壤之别。于是，我问女孩："你妈妈知道你的想法吗？她是否支持你去实现这个梦想？"女孩对我"狡猾"地一笑，毫不在乎地说："我没有告诉妈妈呢。等到我自己能够展翅飞翔的时候，妈妈想管也心有余而力不足了，那时候她能不让我飞走吗？"

另外一个男孩子告诉我，他的梦想是念医科大学，毕业之后到非洲大陆最穷苦的国家卢旺达去。去干什么呢？不是去做生意，而是开设一家为当地人服务的、不收费的医院。我更加奇怪了："为什么你要挑选卢旺达呢？"男孩说，他在电视和互联网上看到许多关于卢旺达内战的消息，看到那里的孩子因为疾病和饥荒而变得骨瘦如柴，无依无靠地躺在沙漠里悲惨地等待死亡的降临。那些因为饥饿而死的孩子，眼睛一直圆圆地睁着，仰望着不再纯净的蓝天。看到这些苦难的画面，他心里十分难受。他梦见自己来到那片干旱贫瘠的土地上，与那些小黑孩一起唱歌和舞蹈。他还告诉我，他知道在1999年获得诺贝尔和平奖的"医生无国界"组织当中就有许多来自不同国家的医生，他们往往为了一个单纯而真诚的梦想奉献出自己的一生。这个男孩说，他愿意像那些医生一样，到最穷苦、最危险的地方去，只要能够拯救一个人的生命，就是人生中最大的快乐。这个男孩对梦想的表达，让我深受感动，我不禁想起了伟大的特蕾莎修女。一辈子为穷人服务的特蕾莎修女说过："人们往往为了私心，和为自己打算而失去信心。真正的信心是要我们付出爱心。有了爱心，我们才能付出爱。爱心成就了信心，信与爱是分不开的。"孩子是离爱最近的，人们要是能够永远保持孩提时的爱心该有多好啊。

孩子们的梦想还有很多很多，有人的梦想是当摇滚歌手，有人的梦想是下乡搞水果培育，有人的梦想是去研究毒蛇，有人的梦想是创办一所大学……在这些稀奇古怪的梦想中，可以看出每一个孩子的性格。

然而，没有一个孩子想成为跟他们的爸爸妈妈一样的、待在写字楼里的、循规蹈矩的白领职员。要想真正了解孩子们内心深处的想法，大人们需要一种平等而真诚的心态。大人们一直自以为是地蔑视孩子，认为孩子幼稚、不成熟。然而，究竟什么是成熟呢？成熟是否就意味着世故和圆滑，意味着现实和功利，意味着失去做梦的勇气？这样的成熟，我宁可不要。

我敬重孩子们做梦的勇气，也羡慕他们做梦的自由。我也知道，真正能实现自己梦想的，在这群孩子中是少数，他们中的大部分人还是得成为天天坐办公室的白领，过着平凡而乏味的生活。但是，我还是觉得，有做梦的勇气，真好。美国教育家博耶回忆了一段关于自己孩子的往事：三十多年前，他和妻子被学校叫去。校方忧虑地告诉他们，他们的孩子已经成了一个"特殊学生"——孩子的成绩十分糟糕。在一次测验里，老师给这个孩子写了一句"他是一个梦想家"的评语。博耶哑然失笑，他知道自己的孩子喜欢幻想，经常幻想星星和月亮，幻想到非常遥远的地方，甚至幻想怎样才能逃离学校。但是，博耶绝对相信自己的孩子是一个天才，只不过他的才能不适合学校的常规活动和僵化的考试而已。于是，博耶按照自己的方式呵护着孩子的梦想，他相信学者詹姆斯·艾吉的观点："不管在什么环境下，人类的潜能都会随着每一个小孩的出生而再现。"果然，孩子长大以后成为一个杰出的人物。

没有梦想的童年算不上真正的童年，没有梦想的人生是不值得过的人生。而梦想需要勇气的支持，我们还有梦想的勇气吗？

自己才能给的东西

吴淡如

　　理查·柏德是个很有趣的作家，他曾经是个优秀的报社记者。某一天，他感觉自己再也无法受困于某些在生命中纠结的难题，决定让生活在他最爱的海滨重新简单起来。于是他身无长物地来到海滨，成为一个浪人。他的身体和匮乏的物质交战，心灵则在潮汐之间洗涤。

　　梭罗在瓦尔登湖边写了他的《湖滨散记》，柏德在密拉玛海边写了《海滨浪行》，在人迹稀少的海边，开始探索"人的真正问题"。

　　对世界来说，这是一种反叛；对他而言，这是一个反省。他开始面对贫穷和饥饿，以及寂寞，在沮丧和快乐的两端，他像个钟锤般摆荡。然而这一段日子也使在都市中久久翻滚的他敢于高声唱出心中的歌，他说："我们日日夜夜在生活中渴求轻松与自由，却因为他人一点一滴灌输给我们的恐惧而鲜少获得。我们怕唱走音，怕拍子错误，也怕唱漏了音符，于是心底的歌被压抑住了，没有高声唱出。这样的压抑，使我们未老先衰。"

　　他得到的东西很简单，也很不简单。那就是：只有你能给自己想要的生活。

　　他在书中写了一个使我感觉自己被"电"了一下的真实例子。

有个 70 岁的老妇人，每星期固定打一通电话给 95 岁高龄的母亲，向她请安，总期待母亲能和颜悦色地对她说几句话，然而，每一次她都含泪挂上电话。几十年来，她都未曾间断，一次一次地尝试，又一次一次地伤透了心。

"我总是充满同情地听着这位老妇人向我诉苦，也看着她努力试图从孩子和朋友那儿，找寻她母亲所不能给予她的认同。我多么希望在某个无眠的夜里，她能突然醒悟：自己浪费了一生的时间，在向他人索求只有她自己才能给予的东西啊！"

大多数的人不也一样，花一辈子在索取别人的认同吗？不停歇地索取爱人的认同、亲人的认同、社会的认同、流行的认同，连自己的愿望也需要被认同。甚至连说任何一句话，自己喜欢的颜色，所属的生肖星座，血拼买到的战利品，投票的对象，都在索求认同。别人喜欢或跟我们看法一致，我们才会觉得自己活得有意义；没人认同，就急着愤世嫉俗、焦虑痛苦或自暴自弃。

其实，生命的欠缺是因为我们一直向别人要自己才能给的东西，比如自信，比如快乐，比如自由，比如安全感，比如心灵平静。不被认同，就有恐惧、愤怒、悲伤、压力与压抑。

每个人心中都有一首歌，想要高声唱出自己的歌，只能靠自己的声带和咽喉。有掌声固然令人兴奋，但不需要掌声，我们也能唱歌。

只有你自己能够唱出自己的歌声。

1/10 呼吸

〔美〕汤姆·多兰

　　我深吸一口气，登上了起跳台。那是 1996 年亚特兰大奥运会 400 米个人混合泳的决赛现场，与我同台的是世界顶级的七位泳坛高手，其中一位是我的强劲对手埃里克。

　　我又深吸了一口气，感觉氧气进入得非常缓慢，好像我正在用一根麦秆吸气。我患有严重的哮喘病，还有罕见的气管狭窄症。医生跟我说，这种情况会使我的肺只能发挥 10% 的功能，意味着我仅能呼吸到对手 1/10 的氧气。

　　我在弗吉尼亚长大，当初第一次跳入池中，仅仅是想超过姐姐。一个寒冷冬日的早晨，12 岁的我在池中来回穿梭，突然感觉胸部受压迫，几乎不能呼吸。其他孩子赶紧围了过来："汤姆，你还好吧？""还好。"我依旧艰难地呼吸着。我没有告诉父母，心想应该是感冒吧。后来有了第二次，我不得不告诉他们，他们立即带我去看医生。医生说这是因为过敏而引起的哮喘，有很多的过敏物质，包括花粉、灰尘，更糟糕的是还有水池中的氯。"一些孩子长大后，哮喘会自愈。"他给我一个急救的喷雾器，"喘不过气时用这个，还不行的话赶紧联系我。"

　　我的训练一直出状况，我总是生病。但我仍然坚持训练，最后教练让我去看一位医学专家。"你不仅有过敏性哮喘病，而且会出现运动引发的哮喘。"医生说。药物无法维持我高强度的训练，如果减少运动量，又不可能保持顶尖选手的水平。我非常困惑：难道我的职业生涯会因为哮喘病而结束吗？

大二那年，游泳队前往夏威夷进行训练。训练时，我的胸部突然发紧，就像被人用皮带勒着一样。我使劲让自己脱离水面，教练在游泳池边递给我喷雾器，我喷了一下，感到头晕目眩。醒来的时候，我已经在急救室了，通过一个面罩吸入药物。我必须做出选择，如果总是担心出现差错，将一事无成。第二天，我就回到了泳池，投入新的训练。因为游泳是我的法宝。

我站在亚特兰大奥运会的起跳台上，出发的信号枪响了，我和埃里克保持领先，并驾齐驱。"没有人能打败我！"我告诉自己。我奋力拍击水面向终点游去，一触到泳池壁，我就看向记分牌：我领先埃里克 0.35 秒，夺得了金牌！

后来，记者问我："如果没有哮喘病，你能得多少奖牌？""也许一块也得不到，"我告诉他，"也许我根本不知道如何克服自身的缺点，疾病给了我把缺点转化成能量的动力。"

我们年轻，阳光免费

谢 谢

2009 年，二十八岁的谢谢在西藏南迦巴瓦雪山下认识了菜菜——一个在外资银行工作的上海姑娘。2010 年，他们一起辞去工作，迈出了环球旅行的第一步，十个月四万元，他们穿越亚非十八国。在南美的巴塔哥尼亚冰原、智利的复活节岛、南极大陆、北非里夫山脉的蓝色小城，他们穿着自带的婚纱，拍下一张张独具特色的婚纱照。最美的旅程，是和心爱的人肩并肩去看看这个世界，把世界变成我们的。

从 2009 年在西藏认识菜菜至今，正好三年。这三年就像一个轮回，我们一起走过世界七大洲的三十多个国家，拍摄了一套遍及七大洲的环球婚纱照，出版了一本书，念了一个 MBA 学位，最重要的，是收获了一份经过旅途检验的感情。

看着菜菜，有时我会觉得愧疚，如果不是跟了我这个穷流浪汉，她也可以像她商学院里的其他同学一样，旅行时租一辆好车，住在豪华的酒店里，享受几十美元一餐的美食，而不是一直走省钱的背包客路线，跟我住在三十几块钱的廉价旅馆，挤在青旅的十几人间，或在野营的帐篷里灰头土脸地自己生火做饭。我们在路上也睡过机场、火车站，还有无数的通宵巴士。她总是会想办法让我们近乎流浪的旅行生活变得有几分情趣。每天早上，菜菜会起来准备一份有蜂蜜和咖啡的早餐，保证我们在旅途中的每一天都充满能量。晚上回来后，我们烧开水，泡上一壶茶，浅酌闲聊。

2011 年元旦，菜菜刚完成在美国第一个学期的学习，寒假回国，我们已经有半年没见面，这半年我一直在中东旅行，在埃及时听菜菜说她要回国，我也赶紧结束自己近一年的长途旅行回国和她见面。回到广州时，我身上只剩下二百五十美元，头发一年没剪，长到及肩处，又很凌乱，带去旅行的三副眼镜都在徒步漂泊时弄坏了，还能戴的一副左眼镜片又从中间裂成两半，再加上身穿宽松扎染的南亚风阿里巴巴裤，活脱脱一个落魄流浪汉。

当晚我赶到朋友在江门的烘焙坊，做了一个蓝莓芝士蛋糕。第二天清早起来换了一套衣服，就赶到深圳机场去接菜菜。我们一起庆祝 2011 年新年的到来，去香港看了跨年演唱会，之后，菜菜回上海准备去美国开始新一年的学习，我则浪子回家。往后的半年，我们又只能通过网络和电话联系。

某一天晚上，我们谈起将来。"我也还没有明确的方向，我不想回去做原来的事，现在旅游市场很大，也许我可以去开一家旅行用品专卖店。"我心里没底地回答道。将来，对于一个在二十八岁才辞职去旅行的人来说是不可回避的问题，长期脱离现实社会、漂泊在外的心、囊中羞涩，回归的路显得比走出去更困难。

菜菜沉吟片刻说："也好，先试试吧。你也可以把之前一年的经历写出来，发到网上。"

我答应了。

我给游记起了个励志的名字，叫"踏出梦想的第一步——一个菜鸟的2010 年亚非十八国行记"。出乎意料的是，我的行记发布在穷游网上后，居然获得了很不错的人气，每天都有许多人跟帖留言，给我鼓励。

6月，菜菜完成她的学业回到上海。7月，我们决定了未来人生最重要的事——结婚。后来我问菜菜，为什么会愿意和我结婚，她说："在美国上学这一年，虽然我们在地球两边，分开了那么久，但以前我们一起在路上的日子，总是历历在目，而且我们一直保持着联系，就好像这一年里，我们从来没有分开过，所以我觉得我们是可以一直在一起的。"

我的想法和她一样。记得钱锺书在《围城》中说："旅行是最劳顿、最麻烦、叫人本相毕现的时候，经过长期苦行而彼此不讨厌的人，才可以结交做朋友……结婚以后的蜜月旅行是次序颠倒的，应该先同旅行一个月，一个月舟车仆仆以后，双方还没有彼此看破、彼此厌恶，还没有吵嘴翻脸，还要维持原来的婚约，这种夫妇保证不会离婚。"

在两人确定结婚的事后，我们需要解决一个难题——一个潦倒的流浪汉怎样才能说服上海的岳父岳母把女儿嫁给他。这时上天眷顾了我们。

有一天晚上，我们正在上海边逛街边聊怎么跟家长说结婚的事。穷游网给我打来电话说，网站想在微博上发起一个关于"间隔年"的话题，我们的旅行经历正好合适，我们写，他们来转发，发起这个话题。

当晚我们用一条微博概括过去一年的旅行：

"2010年我们一起辞职，花十个月四万元，穿越亚非十八国。从不会英语、不懂护照签证，到不用指南书也可游遍中东。最美的旅程，是和心爱的人肩并肩，去看看这个寂寞的世界。最美的人生，不是长辈控制的样子，不是社会规定的样子，是勇敢地为自己站出来，温柔地推翻这个世界，把世界变成我们的。"（不会英语的人特指我。）

我们给这条微博附上照片，发到网上，然后就去睡觉了。微博的文字虽少，却倾注了我们对理想人生最真实的理解。第二天早上起来再开电脑时，我们都被吓了一跳——才一个晚上，已经有过万人转发评论。这条微博的最后转发量达到七万多，进入当日新浪微博排行榜第二位。

这一天是 7 月 19 日，正好是我的生日，这是一份特别的生日礼物。所谓无心插柳柳成荫，"微博效应"带来的第一波影响是媒体报道，之后几天，我从早到晚不断接受各家媒体的采访。

直到那个时候，我们的父母都还不知道我俩辞职去旅行的事情。我们带着媒体的报道，向父母坦白，并说出我们对未来的想法，所幸长辈们都宽容地尊重我们的决定。

7 月 30 日，我们在上海裸婚。一个大龄、失业、无存款、居无定所的流浪汉，娶了一位在纽约哥伦比亚大学念 MBA 的上海姑娘。

从我们牵手的那一刻开始，我们的未来就注定了甘苦与共。我在旅行中坚持着自食其力，不寻求商业赞助，书的稿费不算多，我要尽量节省，走的是穷游路线，菜菜一直支持、迁就着我。

一天早晨，我们准备坐车去印度拉达克东部一个叫 Tiktse 的寺庙参观。清晨从旅馆出来时，因为周围的高山挡住了朝阳，感觉有些阴冷，当车子开到开阔的郊外时，阳光洒遍山间的印度河谷地，透过车窗照到我们身上，晒得我们非常温暖，心情顿时大好。我抓过菜菜的手说道："刚才晒着太阳，突然想起新井一二三的《我这一代东京人》，里面提到了村上春树《芝士蛋糕形的我的贫穷》，讲村上春树刚结婚时穷困潦倒，有一句话令我印象深刻，大概是'我们年轻，新婚不久，阳光免费'。"我解释道："刚才晒着太阳，看窗外的风景很漂亮，突然觉得这句话让我产生了共鸣。我们结婚到现在还没有房子，办不起婚宴，连戒指也没能给你买。但我们一起走遍世界各地，我们在复活节岛、巴塔哥尼亚、马丘比丘、古巴，还有南极，像现在一样，享受着世界各地的阳光。"

"以后回到朝九晚五的生活，只要我们努力，经济状况肯定会好起来，那时我们再回忆现在这段经历，将会是一种享受。所以我想要写下我们过去一年的生活，这句话是最合适的——新婚一年，阳光免费。"

　　有些人在名利中迷失了自己，原本以为名利可以给自己带来美好的生活，却往往忽略了身边的美好。其实，这个世界上，不单阳光免费，清新的空气、蓝天白云、亲情和爱情、希望和梦想，所有这些世界上最珍贵的东西都是免费的。很多时候我们做不成一件事，并不是因为这件事真的很难，而是我们不愿意踏出第一步。

成为一个普普通通的救火骑士

明前茶

第三趟从缙云山火场上下来，小腿靠踝骨的地方已经被摩托车灼热的排气管燎掉了汗毛，火辣辣地疼。回到物资补给站，小张顾不上洗脸，立刻就问补给站的阿姨有没有烫伤药。阿姨迅速蹲下，看了看小张小腿上的伤情，说："等着，我赶紧去给你拿冰块，你冷敷几分钟，我再帮你用碘酒消毒。小伙子，你得换条长裤，不能穿这样的中裤。"

正好，阿姨的老公开来了自家的挖掘机，打算去火场上开隔离带。打量小张的个头与自家老伴差不离，阿姨立刻拿出老伴的一条迷彩长裤，让小张换上。补给站的阿姨就像这些小伙的亲妈一样，盯着每一个下山的摩托骑士，敦促他们喝生理盐水，服用藿香正气丸，或者喝点败火的凉茶。

歇了不到 5 分钟，凉飕飕的碘酒涂上小腿，小张便赶紧背起背篓。背篓里放了一桶 20 公斤的柴油，摩托车后座上再紧绑一个装盒饭的泡沫箱，他又要上山了。山上的灭火器械正"嗷嗷待哺"，等着这些柴油，而疲累的消防队员也该吃晚饭了。小张飞驰在进山的公路上，忽听有人在路边齐齐高喊："辛苦了！好样的！""重庆娃儿雄起！"

小张一时间百感交集。他迷上越野摩托后，经常深夜与同龄伙伴去人迹罕至的山路飙车。重庆山高坡陡，越野摩托的轮子特别宽，马力特别大，才能爬坡上坎，飙出速度，而这样一来，噪声也就特别大。

通常，小张飙完车回家都凌晨两三点钟了。他蹑手蹑脚想潜回卧室，每次都不能得逞。客厅里的电灯忽然亮起，父亲黑着一张脸，爆出炸雷般的一声吼："你还知道回来！你晓得不，崽儿出去飙车，我跟你娘的心就像被绳子拴着，在沸水里烫了一回又一回！"

小张心虚地辩解："人还能没个爱好？我爱飙车，就像你爱钓鱼一样，违犯了哪条法律？"

父亲气急："飙车危险，还是钓鱼危险？下次我再悬着心等你回家，老汉我把姓倒过来写。"

小张从这霹雳般的牢骚中，洞见考爹的忧心。他还是有点儿感动的，便垂头保证，他和小伙伴会注意安全，并不会像电影中那样，从高台阶上跌下来。父亲从鼻孔里哼了一声，意思是：你们这些崽儿就知道找刺激，我信你个鬼！

这次上山救火，小张提前跟父亲电话报备。他原以为父亲会阻止他，谁晓得父亲立刻爽快地推了他一把："你快去嘛！每个崽儿心头都有一个英雄梦，养车千日用车一时，你此时不去，还等何时？"

小张又一次上了山，此时火势更盛，远远望去，山头上，两条蜿蜒的火龙头尾几乎咬合了，空气里充满了焦烟味，小张在半山腰的缓坡上停住，旁边一冲而上的骑士冲他大喊："上坡后车头向右，别摔了！"骑士喉咙嘶哑，整个背像蓄势待发的豹子一样拱起，明知他看不见，小张还是朝他扬起手臂，比了个赞。稍微定了定神，小张也轰响油门，朝那快60度的高坡疾驶，在冲出去的刹那，他记起了与伙伴飙车时琢磨出的一些技术要领，这会儿，它们一一在心头跳荡。

一个多月没下过雨的山路，在摩托车轮下迸射出阵阵烟尘，加上发动机散发的热气，小张觉得自己瞬间像被一个火球包围，汗水顺着眉毛与发鬓流下，混合着扑面的烟尘，哪怕戴着头盔，整个人也立时成了大花脸。

到了救火前线，卸下柴油和盒饭，小张领受了新任务：将一名消防战士送下山去轮休。战士已经与大火鏖战了 10 多个小时，两眼充血，满脸乌黑，只有牙是白的，一坐上摩托车后座，头往小张肩头一靠，就要睡去。小张忙拍他的肩膀："兄弟，咱到山下再睡，好不好？下山有五六十度的陡坡，摔了的人不计其数，你睡着了，万一摔下去可就危险了。"战士说："瞌睡与咳嗽一样，忍不住哇。"小张赶紧说："来唱歌，咱一路唱下去，唱了就不困了。"没等战士开口，他就竭力吼唱起来："人生不是一个人的游戏，一起奋斗一起超越……管他天赋够不够，我们都还需要再努力……"

好不容易将战士平安驭回补给站，放松下来，小张才发现战士稚气未脱，看上去不过 20 岁。站上的阿姨、大嫂赶紧跑过来，替瞌睡的战士洗脸洗手，发觉他双手都有灼伤的痕迹，又忙着给他上药膏。

小张又上山了。第 5 趟，他送了消防水带上山，山上水源不够，火势太猛，消防员临时在离火场不远处挖了水池，要把水引过去，需要很多卷沉重的消防水带；第 6 趟，小张运送了三大箱矿泉水，背包里还装着藿香正气丸；第 7 趟，小张运送了新的灭火器上山；第 8 趟，他又运送了打隔离带要用的油锯；第 9 趟，他要把短暂休息后再次请战的消防员送上山……送到第 12 趟，回山下吃饭补水时，小张发现大拇指在不受控制地发抖，这是他长达数小时在陡峭山路上用大拇指按压刹车留下的肌肉记忆。他正用另一只手使劲按摩着右手大拇指，只听背后传来熟悉的一声吼："可算找到我家崽儿了，都找好几个钟头了。你怎么换了一副模样，走时没穿迷彩裤啊。"

蓦然回头，竟是父亲，他正拿着一罐烧伤敷料，给山上下来的人处理伤口。见小张取下头盔，他一声惊呼。

小张这才知道，他走得匆忙，一到目的地就开始干活，并没有告诉家人他到底在哪个物资补给站当志愿者。父母时刻关注着火场新闻，越看越不放心，父亲便骑上电动车，去附近的各个补给站帮忙，顺便寻找儿子。

这会儿，父亲将手中东西"咣"地一放，激动地抹起了眼泪。小张也被震动了，在他的记忆中，父亲从来没有在儿子面前流露过儿女情长，他总是像一座铁塔或者一座缄默的山一样，开口便是风雨雷电，从来对小张都是有点看不惯的。小张赶紧岔开话头对父亲说："你跟我妈偷着商议，说要找个厉害点的媳妇管住我，当我不知道哩。今日一看，我不用媳妇管了吧。"父亲抹去眼泪，笑着在他肩头捶了一拳："你妈叫我拿来两个大西瓜，你快吃两片败个火。山上急着打隔离带，油锯子都使坏了好多个，马上要运修理用的零件和工具上去。等大火灭了，爹请你喝庆功酒。"

见儿子的 T 恤上全是汗水留下的盐渍痕迹，看着都磨皮肤，父亲马上把自己的 T 恤脱下来，不容分说跟儿子换衣服。小张也来不及说什么感激的话，他只是再次背上背篓，拉紧了后座上拴物资的绳索。

当他又一次轰响油门冲出去时，他从后视镜里看到父亲缓缓地朝他离开的方向敬了一个礼。小张心头一热，这是父亲退伍以来少有的标准式敬礼；这是他 24 年来，第一次受到父亲这么直截了当的肯定，父亲把他当战友、当大人了！一个普普通通的儿子，一个普普通通的救火骑士，就这样成了父亲的骄傲。

向日葵心态

〔新加坡〕尤 今

新加坡 14 岁的少女陈莉宣，课余常常到家人经营的摊子上帮父亲用机器榨取甘蔗汁。这一天，很不幸地，她的右手掌不慎绞进快速转动的机器中，拇指、食指和中指硬生生地被绞断了，掌骨也碎了。原本碧绿悦目的甘蔗汁转瞬就变成了狰狞可怖的猩红色。那天刚好是冬至，母亲已在家里准备好甜滋滋的汤圆，愉悦地等着父女俩回来共享，万万没有想到，等来的竟是这样一个血淋淋的坏消息。

经过急救之后，食指和中指未救回；医生将右脚趾切下，驳接为右拇指。

陈莉宣的祖母含泪说道："孙女乖巧懂事，意外发生时，很镇定，连一滴眼泪也没掉，到了病房后，才哭了一场。"然而，最让我惊叹的，不是她不哭的极端坚强，而是她以平常心面对厄运的那种充满阳光的"向日葵心态"。

意外发生后，她的父亲笼罩在恐惧的阴影中，一直无法再开摊做生意。那个他赖以养家糊口的榨甘蔗机，成了他心中的魑魅魍魉。是陈莉宣，勇敢地让父亲返回正常的生活轨道。

她亲自带他去开摊子，在他面前重新启动那台带给她巨大灾难的机器，当绿色的甘蔗汁像小小的山泉一样流泻出来时，她脸上的笑容饱满灿烂，一如向日葵。才 14 岁，便已展示了一种"兵来将挡，水来土掩"的大智大勇。

当厄运给肉体和精神带来无可弥补的巨大伤害后，一般人都选择逃避——不去想、不去看、不去接触；当逃避不了的时候，他们也许会陷入抑郁中，万劫不复。

然而，陈莉宣选择冷静地面对。

机器不是洪水猛兽，心里的恐惧才是。唯有克服了心理障碍，日子才能如常地过下去。

坚守者的奖励

王亚坤

5 次被解雇，从未获得终身教职，很难拿到研究经费，连个稳定的实验室都没有——这是 2023 年诺贝尔生理学或医学奖得主卡塔琳·考里科 65 岁前的职业人生。

或许她唯一值得骄傲的，是培养出独生女苏珊·弗兰西亚这位两届奥运会赛艇项目的金牌得主。

在漫长的学术生涯中，卡塔琳忍受着失败、被轻视和屈辱。这和她的研究方向有关，mRNA（信使核糖核酸）一直不被学术界看好，也鲜有人问津。但卡塔琳坚信它可以改变世界。

2020 年，新冠肺炎疫情暴发，卡塔琳的研究成为 mRNA 疫苗得以问世的基础。

疫苗的问世，不是卡塔琳一个人的功劳，是许多科学家的共同成果，但卡塔琳在其中厥功甚伟。

在许多人眼里，这是一个苦尽甘来的故事，但在卡塔琳看来，自己的坚持和外界评价无关，这只是一段热爱之旅。

黄色的树林里分出两条路

1955 年，卡塔琳出生在匈牙利东部一个约 1 万人口的小镇。她的父亲是屠夫，但会拉小提琴，懂心算；母亲是会计，也喜欢音乐。

卡塔琳 2 岁时，父亲亚诺斯不幸失业，此后，他只能在酒吧、建筑工地和农场打零工。一家人住在以芦苇做屋顶的土坯房里，没有自来水、电视机和冰箱。

幼年的卡塔琳目睹过邻居家母牛分娩，也时常去森林深处远足，她对鸟类、植物感到好奇。

卡塔琳 14 岁时，在全国生物竞赛中考取第 3 名，并在 16 岁时立志成为一名科学家。

那时，卡塔琳读了匈牙利科学家汉斯·谢耶写的关于紧张和焦虑对身体健康影响的书。谢耶认为，消极情绪也是一种能量，人应该将其转化为积极情绪，过一种远离怨愤和悔恨，内心没有压力的生活。小卡塔琳对此有强烈的共鸣，并立下誓言，将终生践行这一理念。

她牢记谢耶那句"你必须专注于你可以改变的事情"，并以此为座右铭。

卡塔琳随后考入匈牙利历史悠久的顶尖研究性大学塞格德大学，那里曾培养出诺贝尔生理学或医学奖得主圣捷尔吉·阿尔伯特。卡塔琳在这所大学一直念到博士毕业。在生物学系的一次迪斯科舞会上，她遇见了比自己小 5 岁的贝洛·弗兰西亚，两个人随后结婚，并很快育有一女。

在大学读书时，有一天，卡塔琳听了一场关于 mRNA 潜力被低估的讲座。从此，她被 mRNA 迷住了。当时，科学家对用基因编辑治疗疾病感到兴奋，但主流的研究方向是使用 DNA 分子，mRNA 并不是受欢迎的分子，不仅很难制造，也极不稳定。但卡塔琳对 mRNA 着迷，相比于要进入细胞核才能发挥作用，并会对人体产生永久性影响的 DNA，mRNA 只要进入细胞质就能发挥作用，对人体更安全。

黄色的树林里分出两条路，卡塔琳选择了人迹罕至的那条，哪怕之后的很多年里，她为此穷困潦倒。

"二等公民"

确定了研究方向的卡塔琳很快便遇到了第一个挫折。1985 年，塞格德大学生物学研究所因为缺乏资金，将卡塔琳解雇。为了找到新工作，卡塔琳四处投简历，最终收到了美国天普大学发出的博士后邀请函。

卡塔琳上大学才开始学英语，和丈夫两个人的英语水平都很差，但为了能继续研究 mRNA，他们还是决定移民美国。

当时匈牙利政府实施管制，卡塔琳夫妇按规定只能携带 100 美元出境。他们在黑市卖掉自家汽车，把换来的 900 英镑缝进两岁半女儿的泰迪熊毛绒玩具里，怀着忐忑的心情登上飞机，前往美国。

最开始的日子很艰难。卡塔琳的年薪是 1.7 万美元，她的母亲随后也来到美国，一家四口靠这笔钱度日。

丈夫贝洛没能继续自己的工程师生涯。他随后在一家公寓当维修经理，负责修暖气和下水道，收入和卡塔琳差不多。

1989 年夏天，卡塔琳找到了更好的工作，进入常春藤名校宾夕法尼亚大学工作。

在宾大，卡塔琳的头衔是"助理研究教授"。做这种工作的很多是移民，他们被称为"外星人"，拿着微薄的薪资，给掌控实验室的教授们打工，只为能在世界一流大学的实验室工作，并且拿到绿卡。

"二等公民"的日子并不好过。有一次，卡塔琳因为没有爬 5 层楼去另一间实验室，而是直接用了同实验室一位资深研究员准备的实验用水便被骂。

对助理研究教授们来说，"隧道的尽头"在于尽快出成果，申请到资金，有自己的实验室，成为教授。但是，卡塔琳并没有熬到这一天。

mRNA 疯女人

卡塔琳一直为研究资金发愁。她用蹩脚的英文写申请书总要花很长时间，而且通常石沉大海。她甚至没有申请成功过美国国立卫生研究院最常见的 R01 型研究资助项目。

mRNA 太冷门了，实验室里很少有人愿意碰。卡塔琳却在钻牛角尖，对她来说，想获得终身教职，最好换一个方向，而不是死磕 mRNA。卡塔琳动过这个念头，但被丈夫贝洛制止了，他说："这样的话，你就不是在做自己喜欢的事了。"

卡塔琳为了继续蹭研究经费，先后在巴纳森和兰格教授的实验室工作，但因为实验室解散等变故，她一而再地失业。

系主任朱迪·斯温不喜欢这个不能带来经费的研究员，觉得她性格不好。1995 年，斯温给卡塔琳下了最后通牒：要么离开，要么降职。

这其实是解雇通知书，因为没有人愿意接受降职，但卡塔琳同意了。她的头衔变成"高级助理研究员"，这在宾大是一个全新职位，此前从没有过。

卡塔琳接受降职的一个原因是，她的女儿苏珊要上大学了。如果她这时候辞职，苏珊就不能享受宾大教职工子女只需缴纳 1/4 学费的待遇，而卡塔琳家负担不起全额学费。

那时候，卡塔琳每年的工资是 4 万美元，过得很辛苦。她总是开着老旧汽车进出学校，这还是丈夫从垃圾场里找回来修好的。在女儿苏珊的记忆里，她的假期就是在母亲的实验室里整天晃荡，因为卡塔琳家没钱外出度假。

卡塔琳不是不喜欢钱，有时候想起自家的贫穷，她会偷偷流眼泪。

擦干眼泪后，卡塔琳继续着堂吉诃德式的行为，她不停地向同事推荐 mRNA，希望能蹭进别人的实验室。"你需要 mRNA 吗？我可以替你制造。"同事们看卡塔琳的表情愈发奇怪，还有人在背后叫她"那个 mRNA 疯女人"。

直到在打印机旁碰到德鲁·韦斯曼，卡塔琳才得以脱困。

无人问津的胜利

韦斯曼是个沉默寡言同时爱猫成痴的人，曾经因为追着贫血流浪猫打红细胞生成素而差点儿错过前往重要会议的飞机。

1997 年，韦斯曼和卡塔琳相识于打印机旁。沉默相对几次后，卡塔琳主动和韦斯曼搭话："你是新来的吧？我是卡塔琳·考里科，我可以合成 mRNA。如果你需要的话，我可以帮你合成。"

没人想到这场邂逅会成为科学史上一次伟大合作的开端。韦斯曼当时在尝试用 DNA 分子制造艾滋病疫苗，卡塔琳建议他用 mRNA 试试。

第二年，两个人开始合作。他们把 mRNA 输入小鼠的细胞，意外发现小鼠们变得病恹恹的，有些还死了。人造 mRNA 进入细胞后，意外地引发免疫系统反应，机体以自伤为代价，杀死了这些入侵者。

卡塔琳决定"修饰"自己的 mRNA，让它们"骗过"免疫系统，这正是她读博士时的主要研究方向。经历过几百次失败的尝试后，他们终于找到了合适的办法。

卡塔琳和韦斯曼的研究成果于 2005 年发表在著名期刊《免疫》上。韦斯曼意识到这项发现对医学的重要意义，满心欢喜地等待医药公司打爆他家的电话，但一个电话都没等来。

科学界仍然对 mRNA 缺乏信心，更重要的是，卡塔琳和韦斯曼并没有用这项重要发现做出过响当当的产品。

卡塔琳和韦斯曼用专利在 2006 年成立了研发公司，但把科研成果转化为商业产品是一件烧钱的事，他们玩不起。

即便这家小公司后来破产了，卡塔琳和韦斯曼依然相信 mRNA，但他们的研究成果逐渐被人们遗忘。

2013 年，卡塔琳最后一次被解雇。她被宾大认定为"不具备教师素质"，遭到强制退休。为了继续研究 mRNA，卡塔琳接受了德国生物制药公司拜恩科技的邀请，担任副总裁，这家公司当时甚至连网站都没有。

卡塔琳被迫离开年迈的母亲和一直支持自己的丈夫，前往德国，每年在那儿工作 10 个月。做出这个决定后的整整一个星期，卡塔琳每晚都哭着入睡。

母亲戈兹非常支持卡塔琳的工作，她在 2018 年去世。母亲生前每年都会关注诺贝尔奖得主公布的消息，并对卡塔琳说："也许你的名字会被念出来，你工作非常努力。"卡塔琳苦笑着跟母亲解释："不可能的，我甚至不是教授，也没有团队。所有科学家都很努力。"

专注于可以改变的事

卡塔琳最终获得了诺贝尔奖。2020 年新冠肺炎疫情暴发，mRNA 疫苗得到广泛应用，为此做出关键贡献的卡塔琳也走到聚光灯下，财富和荣誉蜂拥而至。

但她并不是为了钱、荣誉和地位工作，她甚至不是在工作。

卡塔琳每天 6 点到实验室，绝大多数周末也待在那里。丈夫贝洛调侃她，说按照卡塔琳的工作时长，她的时薪可能只有 1 美元。每次卡塔琳出门上班，贝洛都会笑她："你根本不是去工作，你是找乐子去了。"

16 岁时，卡塔琳读到谢耶写的"你必须专注于你可以改变的事情"，在半个世纪的科学旅途中，她做到了这一点。

一次告别

韩 寒

也许很多人不知道，我在小学的时候曾当过数学课代表，后来因为粗心和偏爱写作，数学成绩就稍差一些。再后来，我就遇上了我的初恋女朋友——全校学习成绩前三名的 Z。Z 是那种数学考卷上最后一道几何题都能用几种算法做出正确答案的姑娘，而我是恨不得省去推算过程，直接拿量角器去量的人。

以 Z 的成绩，她是必然会进市重点高中的，她心气很高，不会为任何事情而影响学业。我如果发挥正常，最多就是区重点。我俩若要在同一个高中念书，我必然不能要求她考差些迁就我，只能自己努力。永远不要相信那些号称在感情世界里距离不是问题的人。没错，这很像《三重门》的故事情节，只是在《三重门》里，我把这感情写成了女主人公最后为了爱情故意考砸去了区重点，而男主人公阴差阳错却进了市重点的琼瑶桥段。这也是小说作者唯一能滥用的职权了。

在那会儿，爱情的力量绝对是超越父母老师的训话的，我开始每天认真听讲，预习复习，奋斗了一阵子后，我的一次数学考试居然得了满分。

是的，满分。要知道我所在的班级是特色班，也就是所谓的好班或者提高班。那次考试我依稀记得一共就三四个数学满分的。当老师报出我满分后，全班震惊。我望向窗外，感觉当天的树叶特别绿，连鸟都变大了。我干的第一件事就是借了一张信纸，打算一会儿给 Z 写一封小情书，放学塞给她。信纸上印着"勿忘我""一切随缘"之类土鳖的话我也顾不上了。我甚至在那一个瞬间对数学的感情超过了语文。

之后就发生了一件事情，它的阴影笼罩了我整个少年生涯。记得似乎是发完试卷后，老师说了一句，韩寒这次发挥得超常啊，不符合常理，该不会是作弊了吧。

同学中立即有小声议论，我甚至听见了一些赞同声。

我立即申辩道，老师，另外两个考满分的人都坐得离我很远，我不可能偷看他们的。

老师说，你未必是看他们的，你周围同学平时的数学成绩都比你好，你可能看的是周围的。

我反驳道，这怎么可能，他们分数还没我的高。

老师道，有可能他们做错的题目你正好没看，而你恰恰做对了。

我说，老师，你可以问我旁边的同学，我偷看了他们的试卷没有。

老师道，是你偷看别人的，又不是别人偷看你的，被偷看的人怎么知道自己的试卷被人看了。

我说，那你把我关到办公室，我再做一遍就是了。

老师说，题目和答案你都知道了，再做个满分也不代表什么，不过可以试试。

以上的对话只是个大概，因为已经过去了十六七年。在众目睽睽之下，我就去老师的办公室做那张试卷了。

因为这试卷做过一次，所以一切都进行得特别顺利。但我唯独在一个地方卡住了——当年的试卷印刷工艺非常粗糙，常有印糊了的数字。很自然，我没多想，问了老师，这究竟是个什么数字。

数学老师当时就一激灵，瞬间收走了试卷，说，你作弊，否则你不可能不记得这个数字是什么，已经做过一次的卷子，你还不记得吗？你这道题肯定是抄的。老师还抽出了我同桌的试卷，指着那个地方说，看，他做的是对的，而在你作弊的那张卷子里，这道题也是对的，这是证据。

我当时就急了，说，老师，我只知道解题的方法，我不会去记题目的。说着顺手抄起卷子，用手指按住了几个数字，说，你是出题的，你告诉我，我按住的那几个数字是什么。

老师自然也答不上来，语塞了半天，只说了一句"你这是狡辩"之类的，然后就给我父亲的单位打了电话。

我父亲很快就骑车赶到，问老师出什么事情了。老师说，你儿子考试作弊，我已经查实了。接着就是对我父亲的教育。我在旁边插嘴道，爸，其实我……然后我就被我爹一脚踹出去数米远。父亲痛恨这类事情，加之单位里工作正忙，被突然叫来学校，当着全办公室老师的面被训斥，自然怒不可遏。父亲骂了我一会儿后，给老师赔了不是，说等放学到家后再好好教育我。我在旁边一句都没申辩。

老师在班级里宣布了我作弊。除了几个了解我的好朋友，同学们自然愿意接受这个结果，大家也没什么异议。没有经历过的人恐怕很难了解我当时的心情。我想，蒙受冤屈的人很容易产生反社会心理。在回去的路上，十五岁的我想过很多报复老师的方法，有些甚至很极端。最后我都没有做这些，并慢慢放下了，只是因为一个原因，Z 相信了我。

回家后，我对父母好好说了一次事情的来龙去脉。父亲还向我道了歉。我的父母没有任何权势，也不敢得罪老师，况且这种事情又说不清楚，就选择了忍受。父母说，你只要再多考几次满分，证明给他们看就够了。

但事实证明，这类反向激励没什么用，从此我一看到数学课和数学题就有生理厌恶感。只要打开数学课本，就完全无法集中注意力，下课以后，我也变得不喜欢待在教室里。当然，也不觉得叶子那么绿了，连窗外飞过的鸟都变小了。

之后我的数学再也没得过满分。之所以数学成绩没有一泻千里，是因为我还要和Z去同一个高中，且当时新的教学内容已经不多。而对Z的承诺、语文老师因为我作文写得好对我的偏爱，以及发表过几篇文章和长跑破了校纪录拿了区里第一名都是我信心的来源。好在很快我们就中考了。那一次我的数学成绩居然是——对不起，不是满分，辜负了想看励志故事的朋友。好在中考我的数学考得还不算差，也算是那段苦读时光没有白费。

一到高中，我的数学连同理科全线崩溃了。并不是我推卸责任，也许，在我数学考了满分以后，这个故事完全可以走向一个不同的结果，依我的性格，说不定有些你们常去的网站，我都参与了编程；也许，有一个理工科很好的叫韩寒的微博红人，常写出一些不错的段子，还把自己的车改装成赛车模样，又颠又吵，令丈母娘很不满意。

在那个我展开信纸打算给Z报喜的瞬间，我对理科的兴趣和自信是无以复加的。但这居然只持续了一分钟。一切都没有假设。经历此事，我更强大了吗？是的，我能不顾更多人的眼光，做我认为对的事情。我有更强的心理承受能力。但我忍下了吗？未必，我下意识地把对一个老师的偏见带进了我早期的那些作品里，对几乎所有教师进行批判甚至侮辱，其中很多观点和段落都是不客观与狭隘的。那些怨恨埋进了我的潜意识，我用自己的那一点话语权，对整个教师行业进行了报复。在我的小说中，很少有老师是以正面形象出现的。所有这些复仇，这些错，我在落笔的时候甚至都没有察觉到。而我的数学老师是个坏人吗？也不是，她非常认真和朴实，严厉且无私，后来我才知道，那段时间，她的婚姻生活发生了变故。她当时可能只是无心说了一句，但为了在同学之中的威信，不得不推进下去。而对于我，虽然蒙受冤屈，它却改变了我的人生轨迹，我把所有的精力都花在了那些我更值得也更擅长的地方。我现在的职业都是我的挚爱，且我做得很开心。至于那些同学们，十几年后的同学会上，绝大部分人都忘了这件事。人们其实都不太会把他人的清白或委屈放在心上。

十几年后，我也成了老师。作为赛车执照培训的教官，在我班上的那些学员必须得到我的签字才能拿到参赛资质。坐在学员们开的车里，再看窗外，树叶还是它原来的颜色，飞鸟还是它该有的大小。有一次，一个开得不错的学员因为太紧张冲出赛道，我们陷入缓冲区，面面相觑。学员擦着汗说，教官，这个速度过弯我能控制的，昨天单人练习的时候我每次都能做到。我告诉他，是的，我昨天在楼上看到了，的确是这样。

叁

谢谢你出现在
我的生命里

女儿送给父亲的最美风景

李志彬

　　小女孩依娜从小就是爸爸的一双眼睛，每个黄昏，她都会牵着双目失明的爸爸散步。依娜有一个梦想：长大了要为爸爸治好眼睛，让他看到天边的彩虹，那是爸爸心中最美的风景。

让爸爸看到天边的彩虹

　　今年 32 岁的郑克伦是贵州安顺镇宁布依族苗族自治县人，19 岁那年，因一次意外事故而眼角膜受损，致使双目失明。这一年他正准备参加高考，原本成绩不错的他被这飞来的横祸改变了一切。就在他人生处于最低谷的时候，同班同学吴卉走进了他的生活，2000 年，两个相爱的人走进了婚姻的殿堂。

　　一年后，小依娜降临到这个家庭，女儿犹如天使般漂亮可爱，郑克伦觉得这是上天对他的怜惜和眷顾。从此，他一刻不离地负责照看女儿，妻子吴卉则靠卖水果支撑起这个家。虽然日子过得清苦，却充满着温馨和希望。小依娜一天天地长大了。从 5 岁开始，每到黄昏，小依娜就牵着爸爸到门前的那条小街上散步。在街坊们的记忆里，这个长着一双美丽大眼睛的可爱小女孩拉着父亲走过的身影，是这条小街最动人的风景。雨后，小依娜牵着爸爸走到小街上，突然，她惊喜地大叫起来："爸爸，快看！好漂亮的彩虹，天上架起了一座彩色的桥。"

"爸爸，等我长大了，我会挣很多很多的钱，把你的眼睛治好，让爸爸也可以看见美丽的彩虹！"小依娜扑闪着大大的眼睛，认真地说道。她从小就知道，爸爸的眼睛可以治好，只是因为没有钱，也没有眼角膜供体才一拖再拖。

听着女儿稚嫩的声音，郑克伦笑了："你就是爸爸的眼睛，爸爸有你，就是天底下最幸运最幸福的人！"

2010 年 1 月 30 日，小依娜病了，她不停地呕吐。起初，医生以为是感冒，可打针吃药半个多月却始终没有一点好转的迹象。3 月 1 日，郑克伦变卖了所有的家当，和妻子带着女儿来到贵州妇幼保健院。最后医生确诊小依娜患的是晚期髓母细胞瘤。糟糕的是，小依娜的身体状况根本无法手术，只能住院进行保守治疗。一个多月之后，夫妻俩带去的钱花光了，可是，小依娜的病情仍然没有一丝好转。无可奈何中，他们在女儿生日前夕带着女儿回到镇宁。

郑克伦不甘心就这样让女儿离他而去，他一边打听医院，一边四处筹钱，甚至借了高利贷，终于凑了 8 万元钱。听说位于云南昆明的解放军 478 医院可以做手术，5 月下旬，郑克伦夫妻俩带着女儿来到了昆明。6 月 7 日，小依娜被推进了手术室，手术出乎意料地顺利，3 天之后，小依娜可以下床走动了。可是从 7 月 15 日后，小依娜又开始呕吐，同当初发病的症状一模一样。最害怕的事还是发生了，短短一个月，女儿的脑瘤就复发了，而且生长速度更快。

8 月 13 日，从昏迷中醒来的小依娜忍着剧痛，轻轻说道："爸爸，我是不是快要死了？"郑克伦大恸，抱着女儿喃喃地说道："不会的，不会的！""爸爸，我走了，你和妈妈不许哭。我要把眼睛留给爸爸，让爸爸也能和我一样看见彩虹。"郑克伦惊呆了，女儿的话让他肝肠寸断，如同万箭穿心："我的傻丫头，爸爸什么也不要，就要你快快好起来。没有了依娜，爸爸要眼睛有什么用！"

最美丽的彩虹就在身边

如果生命可以互换的话，郑克伦宁愿用自己的生命去换回女儿的生命。如今，女儿却要用自己的眼睛为他换回光明，他怎么能忍心！可女儿却固执地坚持着，郑克伦只能暂时含泪同意："你好好治病，爸爸就答应你。"8月16日，在女儿的一再要求下，郑克伦跟昆明华山眼科医院取得联系。当天下午，眼科医院的医生前来与郑克伦签订了捐献书。9岁的小女孩要把眼角膜捐给爸爸的消息，很快传遍了春城。

短短几天时间，郑克伦一家就收到社会捐款5万余元。为了拯救小依娜的生命，中央电视台的记者帮助联系了北京一家知名医院。"依娜，有这么多好心人来帮助你，你一定要坚持下去，不能让他们失望呀！"东方航空公司云南分公司为小依娜一家进京治病，提供了全部免费的机票。

8月29日8时，郑克伦一家乘坐的航班从昆明巫家坝国际机场起飞。小依娜的头无力地靠在父亲的肩上："爸爸，我们在天上飞，离彩虹很近吗？"郑克伦流着泪点头："是的，彩虹就在我们身边，这是人间最美的彩虹。"8月29日11时30分，郑克伦一家到达北京。但小依娜的体质太差，而且在昆明已经做过一次手术，病情十分复杂，能不能再次进行手术还需要住院观察。9月3日，小依娜的主治医生来到病房告诉郑克伦："9月6日，小依娜就可以做手术了。"

用你的眼睛照亮别人的世界

9月5日，小依娜手术的前一天，医生告诉郑克伦夫妇，小依娜的手术成功率不到30%，因为依娜的体质太差，很可能无法承受手术后身体的负荷而导致心肺衰竭。可不做手术，小依娜很快就会被不断增大的肿瘤吞噬。在两难的抉择中，郑克伦决定做手术。9月6日早上8时，郑克伦同医生一起将小依娜推到手术室门口。漫长的 4 个小时终于过去了，医生表示："手术很成功，现在就看小依娜术后的身体抵抗力了。"小依娜被送进了重症监护室。9 月 14 日，小依娜呼吸衰竭，医生全力抢救无效，小依娜乘着爱心编织的翅膀飞向天堂。悲痛欲绝的郑克伦夫妇握着女儿冰凉的小手欲哭无泪，他们实在不想和女儿分开啊！

9 月 15 日凌晨 1 时，郑克伦代女儿完成眼角膜捐献手续，小依娜的眼角膜被摘除。可他却拒绝接受女儿捐献的眼角膜。他怎么能够让女儿的眼角膜移植到自己身上？这会时时撕裂自己的心啊！再说，自己已经失明十几年了，如果移植不成功，就浪费了女儿的眼角膜。他希望自己能尽绵薄之力，把女儿的眼角膜捐给那些更需要光明的年轻人。随后，小依娜的一对眼角膜移植给了两个年轻人。医生表示，两位受捐人已经恢复了光明。

9 月 18 日，在八宝山殡仪馆里，郑克伦轻轻地哼着那首女儿最爱听的歌《彩虹的约定》为女儿送行：彩虹是希望的约定，也是最真的爱……

爱的谎言

钟 楠　王进良

2007年春天，如同潘多拉的盒子被打开一样，不幸接踵而来。中国科学院武汉物理与数学研究所高级工程师原学军的妻子郑静峡被确诊为中晚期胃癌，儿子原野因抑郁症在武汉家中自缢身亡。此后的一千多个日夜里，年近花甲的原学军，捂住濒临破碎的心，用儿子生前留下的手机，对病中的爱妻编织了一个个谎言。2010年1月19日23时40分，被病魔折磨到最后一息的郑静峡，心脏停止跳动，这个美丽的谎言也被带往天国。

天降噩耗

2007年的春天，26岁的原野，还是天津大学一名即将毕业的研究生。毕业论文的不顺，求职的挫折，使得原本性格就比较内向的原野愈发沉默，终日在家一言不发，偶尔外出，也很少与人交流。

与此同时，妻子郑静峡由于身体不适，去医院检查。不久，医院的确诊结果让全家人的心一下子降到了冰点：时年54岁的郑静峡身患中晚期胃癌，且癌细胞已经扩散，必须尽快实施手术治疗。

忙于事业的原学军逐步放下手头的事务，全心照顾妻子。而忙于照料妻子的原学军没有发现，精神压力很大的儿子，已患上了重度抑郁症……

2007 年 3 月 26 日，这一天让原学军刻骨铭心：中午回家时，他还看到儿子正在给住院的母亲熬排骨汤；傍晚时分再推开家门时，儿子已缢亡在客厅的吊扇上……

儿子是妻子最大的精神寄托和支柱。思量再三，原学军做出了一个决定：对妻子隐瞒儿子的噩耗，并嘱托所有亲属保守秘密。

秘密短信

瞒着住院的妻子，原学军悄悄处理完了儿子的后事。儿子火化后，骨灰寄存在了武昌殡仪馆。原学军谎称儿子已突然返回天津，忙于毕业和求职。他还叮嘱妻子：儿子心情不好，压力很大，不要过多地干扰他，有空儿子会发信息回来的。

多年来，原学军和妻子对儿子一直管教严格。尽管家庭条件不错，但总教育孩子要节约，能发短信说清楚的事情，就尽量不要打电话。

原学军在处理儿子后事的时候，将儿子在天津使用的手机悄悄地保留起来。不久，他给妻子发出了第一条短信："妈妈，儿子在天津一切安好……"

从那时起，原学军就活在了谎言和欺骗之中。儿子的手机成了他最担心的东西，上班、出差，他随身携带；一到家中就调成静音状态，放在最隐蔽的地方，并随时删除每一条收发的短信。

日子一天天过去，本就熟悉高校生活节奏的原学军根据时间的推移，四季的变化，一步步地构思着短信的内容。通过这些短信，郑静峡知道：儿子上班了，转正了，加工资了，准备攻读博士了，恋爱了，又失恋了……

原学军所做的一切，都是为了妻子。只要能守住心中的秘密，他愿意承担一切后果。尽管如此，"不能说的秘密"还是很快在同事、朋友中传开了，不少人都认为他太残忍。

郑静峡的一位多年好友一直知道她孩子的事。在郑静峡生病期间，好友前往家中看望，两人坐在客厅的沙发上，言谈之中郑静峡向她讲述"儿子"工作很不错，而且马上要出国了。郑静峡兴冲冲地说着，丝毫没有注意到好友面向电视屏幕的脸上，早已是满脸的泪水。此后，这位好友再也不敢面对郑静峡，只是常在电话中问候。

生活在继续，谎言也不断被编织。很多时候原学军劝慰妻子：儿子不愿意通电话，可能有自己的考虑，现在年轻人压力都很大，他总有一天会走出阴影，你安心治病就好。

在原学军的悉心照料下，曾有很长一段时间，郑静峡的病情得到了有效的控制，对于生活，她充满了向往和期盼。

病中的郑静峡已习惯收到"儿子"的短信，也习惯了短信交流。对于性格内向的"儿子"而言，她认为这是一个不错的沟通渠道。

按图索骥

原学军坦言，自己多年忙于事业，对妻儿关心不够。妻子温柔贤惠，做得一手好菜，在家最爱看美食节目，总是变着花样做各种菜，是朋友圈子里闻名的美食家。

品尝鉴赏各类美食是郑静峡最大的享受和爱好。尽管治病花掉了大量积蓄，但看着妻子日益消瘦虚弱的身体，原学军总想让妻子在有生之年能够更好地享受生活，尝遍武汉的各种美食。

一次，他无意中发现杂志上每期都会推荐武汉各处餐馆的招牌菜式，这本杂志上的美食地图于是成了夫妻两人闲暇时的出行图，一月两期，每期必买。每逢周末，年近六旬的原学军就会骑上自己的摩托车，载着妻子，按图索骥，穿街走巷，今天汉口，明天汉阳……"妻子爱吃台北路的鱼，看到有餐馆擅长葱烧海参，想起对治疗癌症有帮助，我就拖着她去多吃几次……"

最后告别

2010年1月19日晚11时40分，原学军眼看着妻子的监护器屏幕上出现一条直线。他抚摸着妻子的脸庞，喃喃自语："你们都走了，就剩我一个人了……"

妻子过世后，原学军在武汉九峰公墓买了两个紧邻的墓位，将儿子的骨灰盒取出，于1月21日一同下葬。

原学军小心翼翼地在碑前摆满水果，撒下一片片黄白色的菊花瓣。"静峡、原野，希望你们母子俩能理解我的苦心。这3年来，想着儿子，看着爱人，我没有一天不是过着心如刀绞的生活……"刚说两句，原学军就哽咽着说不出话来。

原学军说："妻子离开后，我的心一下子空了。与妻子结婚的前27年，我从未向她撒过一次谎，我也没有想到，我会从一个诚实的丈夫，最后成为一个'世界上最大的骗子'，如此残忍，如此无情，3年，漫长煎熬的3年啊……"

永恒的母亲

三 毛

我的母亲——缪进兰女士，在 19 岁高中毕业那一年，经过相亲，认识了我的父亲。那是发生在上海的事情。

在一种半文明式的交往下，隔了一年，也就是在母亲 20 岁的时候，她放弃了进入沪江大学新闻系就读的机会，嫁给父亲，成为一个妇人。

婚前的母亲是一个受着所谓"洋学堂"教育长大的当代女性。不但如此，因为她生性活泼好动，还是高中篮球校队的一员。嫁给父亲的第一年，父亲不甘生活在沦陷区里，于是暂时与怀着身孕的母亲分别，独自一人远走重庆，在大后方开展律师业务。那一年，父亲 27 岁。

等到姐姐在上海出生之后，外祖父母催促母亲到大后方去与父亲团聚。就在那个年纪，一个小妇人怀抱着初生的婴儿，离别了父母，也永远离开了那个做女儿的家。

母亲如何在战乱中带着不满周岁的姐姐由上海长途跋涉到重庆，永远是我们做孩子的百听不厌的故事。我们没有想到过当时母亲的心情以及毅力，只把这一段往事当成好听又刺激的冒险故事来对待。

等到母亲抵达重庆的时候，伯父伯母以及堂哥堂姐一家也搬来了。从那时候开始，母亲不但为人妻，为人母，也同时尝到了在一个复杂的大家庭中做人的滋味。

虽然母亲生活在一个没有婆婆的大家庭中，但因为伯母年长很多，"长嫂如母"这四个字，使得一个活泼而年轻的妇人，在长年累月的大家庭生活中，一点一滴地磨掉了她的性情和青春。

记忆中，我们这个大家庭直到我念小学四年级时才分家。其实那也谈不上分家，祖宗的财产早已经流失。所谓分家，不过是我们离开了大伯父一家人，搬到一幢极小的日式房子里去罢了。

那个新家，只有一张竹做的桌子，几把竹板凳，一张竹做的大床，那就是一切了。还记得搬家的那一日，母亲吩咐我们几个孩子各自背上书包，父亲租来一辆板车，放上了我们全家人有限的衣物和棉被，母亲一手抱着小弟，一手帮父亲推车。母亲临走时向大伯母微微弯腰，轻声说："缠阮，那我们走了。"

记忆中，我们全家人第一次围坐在竹桌子四周开始在新家吃饭时，母亲的眼神里，多出了那么一丝亮光。虽然吃的只是一锅清水煮面条，而母亲那份说不出的欢喜，即使作为一个很小的孩子，也分享到了。

童年时代，很少看见母亲在大家庭里有什么表情。她的脸色一向安详，但在那安详的背后，总有一种巨大的茫然。即使母亲不说我也知道，她是不快乐的。

父亲一向是个自律很严的人。在他年轻的时候，我们小孩一直很尊敬他，甚至怕他。这和他的不苟言笑有着极大的关系。然而，父亲却是尽责的，他的慈爱并不明显，可是每当我们孩子打喷嚏，而父亲在另一个房间时，就会传来一句："是谁？"只要那个孩子应了问话，父亲就会走过来，给一杯热水喝，然后叫我们都去加衣服。对于母亲，父亲亦是如此，淡淡的，不同她多讲什

　　么，即使是母亲的生日，也没见他有过比较热烈的表示。但我明白，父亲和母亲是要好的，我们四个孩子，也是受疼爱的。

　　许多年过去了，我们四个孩子如同小树一般快速地成长着。在那一段日子里，母亲讲话的声音越来越高昂，好似她生命中的光和热，在那个时候才渐渐有了去处。

　　等我上了大学，对于母亲的存在以及价值，又开始重做评价。记得放学回家来，看见总是在厨房里的母亲，我突然脱口问道："姆妈，你念过尼采没有？"母亲说没有。又问："那叔本华、康德呢？还有黑格尔、笛卡儿……这些哲人你难道都不晓得？"母亲说不晓得。我呆看着她转身而去的背影，一时感慨不已，觉得母亲居然是这么一个没有学问的女人。我有些发怒，向她喊："那你去读呀！"这句喊叫，被母亲的炒菜声挡掉了。我回到房间去放书，却听见母亲在叫："吃饭了，今天都是你喜欢的菜。"

　　又是很多年过去了，当我自己也成了家庭主妇，开始照着母亲的样式照顾丈夫时，握着那把锅铲，回想起青年时代自己对母亲的不敬，这才升起了补也补不回来的后悔和悲伤。

　　以前，母亲除了东南亚之外，没有去过其他的国家。八年前，父亲和母亲排除万难，飞去欧洲探望外子与我的时候，是我的不孝，给了母亲一场心碎的旅行。外子的意外死亡，使得父亲、母亲一夜之间白了头发。更有讽刺意味的是，母女分别了十三年的那一个中秋节，我们却正在埋葬一个亲爱的家人。这万万不是存心伤害父母的行为，却使我今生今世一想起那父母的头发，就要泪湿满襟。

　　出国二十年后的今天，终于再度回到父母的身边。母亲老了，父亲老了，而我这个做孩子的，不但没有接下母亲的那把锅铲，反而因为杂事太多，间接地麻烦了母亲。虽然这么说，但我还是明白，我的归来对父母来说仍是极大的喜悦。也许，今生带给他们最多眼泪、最大快乐的孩子就是我了。

　　母亲的一生看起来平凡，但她是伟大的。在这四十多年与父亲结合的日子里，我从来没有看到一次她发怨气的样子。她是一个永远不生气的母亲，这不是因为她脆弱，相反的，这是她的坚强。四十多年来，母亲生活在"无我"的意识里，她就如一棵大树，在任何风雨里，护住父亲和我们四个孩子。她从来没有讲过一次爱父亲的话，可是，父亲推迟回家吃晚餐时间的时候，母亲总是叫我们孩子们先吃。而她自己硬是饿着，等待父亲归来。岁岁如是。

　　母亲的腿上，好似绑着一条无形的带子，那一条带子的长度，只够她在厨房和家中其他地方走来走去。大门虽然没有上锁，她心里的爱，却使她心甘情愿把自己锁了一辈子。

　　母亲总认为她爱父亲胜于父亲爱她。我甚至曾经在小时候听过一次母亲的叹息，她说："你们的爸爸，是不够爱我的。"也许当时她把我当成一个小不点，才说了这句话。她万万不会想到，这句话，钉在我的心里半生，存在着拔不去那根钉子的痛。

　　那是九年前吧，小弟的终身大事终于在一场喜宴里完成了。那一天，父亲当着全部亲朋好友的面以主婚人的身份讲话。当全场安静下来的时候，父亲望着他最小的儿子——那个新郎，开始致辞。

　　父亲要说什么话，母亲事先并不知道。他娓娓动听地说了一番话，感谢亲戚和朋友莅临儿子的婚礼。最后，他又话锋一转说道："我同时要深深感谢我的妻子，如果不是她，我不能够得到这四个诚诚恳恳、正正当当的孩子；如果不是她，我不能够拥有一个美满的家庭……"

　　当父亲说到这里时，母亲的眼泪夺眶而出，她站在众人面前，任凭泪水奔流。那时，在场的人全都湿着眼睛，站起来为他的讲话鼓掌。我相信，母亲一生的辛劳和付出，终于在父亲对她的肯定里，得到了全部的回报。

　　我猜想在那一刻里，母亲再也没有了爱情的遗憾。而父亲，这个不善表达的人，在一场小儿子的婚礼上，讲尽了他一生所不说的家庭之爱。

　　这几天，每当我匆匆忙忙由外面赶回家吃晚餐时，总是望着母亲那拿了一辈子锅铲的手发呆。就是这一双手，把我们这个家管了起来。就是那条围裙，系上又放下，没有缺过我们一顿饭菜。就是这一个看上去年华渐逝的妇人，将她的一生一世，毫无怨言、更不求任何回报地交给了父亲和我们这些孩子。

　　这样来描写我的母亲是万万不够的。母亲在我的心目中，是一位真真实实的守望天使，我只能描述她小小的一部分。

　　回想到一生对于母亲的愧疚和爱，回想到当年念大学时看不起母亲不懂哲学书籍的罪过，我恨不能就此在她面前向她请求宽恕。可我想对她说的话，总是卡在喉咙里讲不出来。想做一些具体的事情回报她，又不知做什么才好。今生唯一的孝顺，好似只有努力加餐来讨得母亲的欢心。而我常常在心里暗自悲伤。新来的每一天，并不能使我欢喜，那表示我和父亲、母亲的相聚又减少了一天。不免想到"孝子爱日"这句话。我虽然不是一个孝子，可也同样珍惜每一天与父母相聚的时光。但愿借着这篇文章的刊出，使母亲读到我说不出来的心声。想对母亲说：真正了解人生的人，是你；真正走过那么长路的人，是你；真正经历过那么多沧桑、也全然用行为诠释了爱的人，也是你。

　　在人生的旅途上，母亲所赋予生命的深度和广度，没有一本哲学书籍能够相比。

　　母亲啊母亲，我亲爱的姆妈，你也许还不明白自己的伟大，你也许还不知道在你女儿的眼中，在你子女的心里，你是源，是爱，是永恒。

　　你也是我们终生追寻的道路、真理和生命。

从 13 岁开始享受自由

〔美〕安妮·兰伯特

刘 畅 刘宇婷 译

愿意对自己的人生负责，这是一个人自尊心萌芽的表现。

从小妈妈就教我凡事都问个为什么。她是那种对没完没了的"为什么"永远不厌其烦的妈妈。

不过，妈妈从不简单地给我答案，而是让我自己先思考。渐渐地，我学会了在做事之前，先用自己的小脑瓜分析所有的可能性，遇事常常自问："如果有人这么对我，我会怎么想？"妈妈的循循善诱和严格要求为我形成良好的品性打下了坚实的基础。

我 13 岁生日那天，妈妈把我叫进她的房间。"安妮，我想和你谈谈。"妈妈拍了拍身边的床铺。

"我用了 12 年的时间培养你的价值观和道德观，"她开口道，"你觉得自己具有分辨是非的能力了吗？""当然。"我答道。这个出人意料的开场白让我不觉隐去了笑容。

"今天是你的 13 岁生日，从今以后你就不再是小孩了，生活会变得复杂很多。"妈妈语重心长地说，"我已经为你打下了基础，现在是你开始自己拿主意的时候了。"我茫然不解——拿什么主意呀？妈妈笑了。"从现在起，你自己的规矩自己定。什么时候起床，什么时候睡觉，什么时候写作业，和哪些人交朋友，这些都由你自己决定。"

"我不明白。你生我的气了吗？我做错什么了？"妈妈伸手搂住我的肩膀："每个人迟早都要自己做主。很多被父母严格管教的年轻人，往往在他们离开大学，没人给他们指导的时候犯下了可怕的错误，有些甚至毁了自己的一生。所以我要早一点给你自由。"

我目瞪口呆地盯着她，各种念头一起闪过脑海。那么，我随便多晚回家都可以，自由参加各种聚会，没有人催促我写作业……这简直棒极了！

妈妈站起来，莞尔道："记住，这是一种责任。家里人都在看着你。而只有你一个人为自己的过错负责。"

"你为什么这么信任我？"我有些兴奋不安。"因为我宁愿你现在犯错，现在你还在家里，我能给你建议和帮助。"她说着用力抱了抱我，"别忘了，我一直在你身边。任何时候，如果你需要，我会随时帮助你。"

我们的谈话就这样结束了。同以往一样，这个生日是与家人一起度过的，有蛋糕，有冰淇淋，还有礼物，而母女间的这次交谈却是我收到的最有意义的生日礼物。我明白，妈妈并没有彻底走出我的生活，只是给我空间来伸展翅膀，准备未来的飞翔。

在之后的数年间，我也做过不少错事，但那是每个少男少女必经的人生体验。我有时不完成作业，偶尔熬夜，还有一次参加了一个危险的聚会。妈妈从没有为这些而责骂我。当我成绩下滑时，她会平静地指出我想进入理想大学的机会正在减少，成绩越差，机会越少；如果我熬夜，她会幽默地取笑我是不是心情不佳。那次聚会后，她只是问我认为那些朋友十年后会干什么，是否希望自己的未来和他们一样。我当然不希望那样。当我明白了这些，我就不断地改变自己的行为来弥补过失。

　　人生如织锦，妈妈总是用最好的建议来帮我修补裂痕。我从未像许多青少年那样对父母有过叛逆和怨恨。实际上，妈妈的教育方法使我们更加亲密。

　　几年前，在我女儿13岁生日那天，我也把她带进了我的房间，进行了一场类似的谈话。在她的青春期，我们也一直很亲密。我的儿子在这个年龄也和他的父亲谈过。孩子们虽然犯过不少错误，但事实证明，那些都只是成长的里程碑而已。同时，更多严重的错误因此避免了，因为他们凡事认真思索并和我们商量。他们把父母视为良师益友而非监管人，两代人的关系因此健康而和谐。

　　生命和智慧就这样在这个家庭延续下来。爱、荣誉和对经验、智慧的尊重得到了珍视。这些都得益于我最好的朋友——我的妈妈。

爱是彼此成全

槐 柳

看到了最初的自己

2003年秋天，高良峰初见王悦。当时高良峰就读于山西朔州第一中学。作为学生代表，他与其他11人一起去朔州市第七小学探望贫困学生。

课间，高良峰带孩子们去打篮球。其他孩子都争先恐后地投篮，只有一个小男孩儿手足无措地捧着篮球，红着脸站在那里。这一幕落在了高良峰眼里，他觉得心很疼。于是，他走过去，蹲下身来，说："我叫高良峰，你叫什么名字？""我叫王悦。"男孩儿的声音小得像蚊子。

"来，王悦，我教你投篮。"高良峰给王悦做了一个示范动作，然后把篮球递给他，说，"你个子还小，不用投进篮筐，只需要扔到篮板上就好。"王悦怯生生地把篮球扔了出去，结果连篮板都没有碰到，篮球飞出了球场。

小朋友们哄笑着去抢飞走的篮球，王悦的眼睛开始有些湿润了。高良峰又蹲下身去，对他说："什么事情都是从不会到会的。男孩子，什么都不要怕！"

"可是，我没有爸爸妈妈。"王悦小声说。那一刻，高良峰的心被狠狠地击中了。眼前的少年，像极了曾经的自己——生于1986年的高良峰原本有一个幸福的家庭，可在他 4 岁那年，爸爸被一场车祸夺去了生命。

眼前的王悦，激起了高良峰强烈的保护欲。那天走之前，高良峰向王悦的班主任了解了他家的情况。原来，王悦的父母南下打工，因工厂发生火灾双双去世，那时王悦还不满周岁，住在朔州的远房大姨收养了他。这两年，大姨夫妻俩也下岗了，日子过得很艰难。

让爱去感动爱

第二天放学后，高良峰借了同学的自行车，飞速赶往王悦的学校。在高良峰的心中，父爱的一个重要标志便是，虽然爸爸不会天天去学校接孩子放学，但偶尔会出现在校门口，给孩子一个惊喜。这是高良峰对父爱的理解，他自己不曾享有，但希望通过自己的努力可以在某种程度上弥补王悦缺失的父爱。那天，高良峰把王悦送到了家门口，并承诺："以后每个周四，我都来接你。"

2003 年 11 月 6 日，又是周四，高良峰送王悦回家时，王悦邀请他去家里坐坐。

走进那间不到 40 平方米的小屋，高良峰愣住了。里面没有一件像样的家具，只有一张小书桌看上去还不算破旧——那是王悦每天做作业用的。大姨父有严重的类风湿病，关节都已变形，床头摆着大大小小的药瓶。家里唯一的劳动力便是大姨，为了方便照顾家里，她同时兼了三份钟点工。

见高良峰来了，大姨父还没说话，眼泪却已经开始在眼眶里打转了："最近总听小悦提起你，想当面跟你说声谢谢，可这腿脚不争气。小悦给你添麻烦了。"

高良峰安慰他："姨父，您放心，我会把王悦当亲兄弟一样对待的。"

那一天，住校的高良峰决定去校外兼职，承担王悦的生活费和学费。

后来，王悦被选入校篮球队。为了让王悦有一双像样的篮球鞋，高良峰以买教辅资料的名义，向妈妈要了 200 元钱。

王悦收到篮球鞋时的开心可想而知，可晚上回到宿舍，高良峰却失眠了——王悦的快乐是以自己欺骗妈妈为代价换来的，高良峰决定像个爷们儿一样去挣钱。此后，他摆地摊、刷盘子，还找了一份在工地上搬砖头的活儿。

两个月后，高良峰攒了 300 元钱，用其中 100 元给王悦买了学习用品，带他吃了一顿大餐，另外 200 元还给了妈妈。他对妈妈说："那些教辅资料我没买，跟同学合用。"妈妈信以为真。

可是，纸终究包不住火，王悦的事分散了高良峰太多的精力。到了高二下学期，高良峰的成绩已经由原先的班级前 10 名下降到 40 名以后。面对妈妈的追问，高良峰只能实话实说。

妈妈心中五味杂陈，对高良峰说："你现在没有能力对另一个人负责，等你工作了再去援助他也不迟啊。"

"我不能给了他一点儿温暖，然后说走就走，那比从来就没走进他的生活更残酷。"高良峰说。

那一夜，妈妈失眠了，她明白，儿子心中积聚的是父爱缺席将近 14 年后对爱的渴望，她决定让步。第二天早餐时，她对高良峰说："你可以继续帮助王悦，但是学习成绩必须恢复到入学时的水平。"高良峰答应了妈妈。只是，对分秒必争的高中生来说，这不是一句话就可以做到的。高三第一个月的月考，他的名次再一次后退了五名。家长会上，得知这个消息的妈妈又气又急，径直奔向王悦家。

对于高妈妈的到来，王悦的大姨和大姨父无比热情，一再道谢。尽管十分不忍，可是为了儿子的前途，高妈妈还是说出了口："不应该让一个只有 18 岁的孩子来承担抚养王悦的责任。"

又一个周四，高良峰像往常一样去接王悦放学，左等右等，等来的却是王悦的班主任交给他的一封信。信是王悦写的，大意是让高良峰不要再管自己，好好学习等等。从信上那模糊的字迹里，高良峰看得出来，王悦是一边哭一边给自己写这封信的。

为了王悦，高良峰开始发奋读书。每天学习累了，他就给王悦写信，鼓励他，也激励自己。但2006年的高考，他还是以20分之差与山东大学失之交臂，深深的挫败感令他心灰意冷。

一天晚上，妈妈做了一桌子菜，还给高良峰倒了一点儿红酒，然后向他举杯："儿子，这瓶酒本是为你金榜题名准备的。但妈妈想通了，从照顾王悦那天起，你就有了勇气和担当，这说明你已经完成了自己的成人仪式，值得庆贺！"

妈妈的话，令高良峰眼眶湿润。他这才知道，与深深的母爱相比，自己不过是浅水一湾。他哽咽着对妈妈说："对不起，妈！我去复读，明年一定考上重点大学！"

妈妈也想明白了，男孩儿长大的方式有许多种，对儿子来说，承担责任、扮演如兄如父的角色也算是一种吧！

两个男孩儿的10年光阴

2007年，高良峰拼了，最终考入吉林大学。

高良峰的大学生活过得并不轻松。他边打工边读书，每天不管多累，都要给王悦打电话。由于家里没有电话，王悦每次都要去邻居家里接电话，十分不方便。于是高良峰做家教、摆地摊儿，外加奖学金，省吃俭用攒了4000元钱，给王悦买了一台电脑，装了宽带。

2011年，王悦考入重点高中，高良峰则成功被保研。王悦告诉高良峰，他一定会努力学习，争取考入高良峰就读的吉林大学。

2013年11月19日，高良峰给妈妈打电话，才得知妈妈刚做完手术。在妈妈住院的那半个月里，王悦白天上学，晚上当仁不让地做起了陪护。

高良峰心急火燎地赶回朔州。回到家，王悦正在厨房里给高妈妈做饭，这时的王悦，已经比高良峰还高了。

高良峰问他："家里出了这么大的事，你怎么不跟我说？"

谁知，王悦竟不服气地回答："你能在照顾我的同时考上重点大学，我就不能一边照顾阿姨一边上学？上个月的月考我还进步了五名呢！"

高妈妈站在厨房门口，欣慰地听着两个大男孩儿一边炒菜做饭，一边你一句我一句地斗嘴。平凡人家烟火般的温暖与幸福正慢慢升腾开来。

是的，他们只是没有父亲，但绝不缺少骨气、担当和胸怀。在他们的生命中，有缺失，但并无缺陷。他们的关系证明了这一点：爱，从来都不是谁焐热了谁，而是彼此温暖、彼此成全。

让我请您吃顿饭

青 黎

假期全家一起自驾游，在成都的高速服务区遇见一个要求搭便车的男孩。男孩自我介绍说叫宋晓松，是一名大三学生，他还主动给我们看了他的身份证和学生证。宋晓松讲话很有礼貌，给我们留下了不错的印象，于是，我们答应了他的请求。

一路上，我和家人跟这个刚认识的小伙子聊了许多。抵达西安后，不得不跟晓松分道扬镳。分别之前，晓松忽然主动提出要请我们吃顿饭。他有些不好意思地解释说，请客是为了感谢我们一路上对他的照顾，不过因经费有限，他只能从网上找家口碑不错的小饭馆。

我们非常感动，欣然赴约。吃完简单的一餐后，我们便告别了。别离前，我悄悄在晓松的背包里塞了 500 元钱和一张名片，之后我便淡忘了这件事。

不久前，忽然有陌生人加我为微信好友，通过验证后，对方忽然发了微信红包给我，并留言说："祝嘉嘉生日快乐！"嘉嘉是我儿子的小名，那天刚好是他的阳历生日。我诧异地打开红包，金额是 500 元整，点开对方的头像细看，原来是晓松！晓松说，那天请我们吃完饭他只剩不到 200 元了，本来计划在西安停留一两天就回学校。没想到得到了我的慷慨馈赠，他不仅顺利游了西安，还去了趟咸阳。回学校后，他一直在勤工俭学，不仅攒足了下次旅行的经费，还有余钱给嘉嘉发一个生日红包（两人聊天时嘉嘉透露过自己的生日）。

我忍不住问他，既然当时已经经费不足，为什么还要坚持请我们吃饭呢？他给我讲了一个故事。

刚进大学不久，晓松就加入了学校的驴友社团，从此迷上了旅行。因为是学生，家里也不富裕，只能选择穷游的方式。时间久了，便总结出了不少省钱攻略，比如在景点逃票、搭顺风车、去村民家里借宿……

有一次在郑州的高速服务区，晓松遇到了一位热情的胡大哥，对方开着一辆路虎，全身上下都是顶级运动装备，于是晓松走过去搭讪，希望对方载自己一程，胡大哥爽快地答应了。一路上，两人聊得分外投机，胡大哥还请晓松吃了两顿饭。到了分别的时候，胡大哥认真地对晓松说："小伙子，你应当请我吃顿饭。"

晓松以为自己听错了。然而胡大哥依然坚持，晓松无奈地答应了。胡大哥就近选了家火锅店，点了牛肚、鱼丸、牛羊肉和各色蔬菜，然后埋头大吃，晓松也带着满腹心事在一旁陪吃。用餐完毕，晓松硬着头皮从贴身口袋里掏出钱包结了账，内心觉得委屈又怨愤。胡大哥似乎读懂了他的情绪，拍拍他的肩膀说："小伙子，旅行是件好事，可是蹭吃蹭喝蹭玩蹭行却不一定是好事。这一路我总听你说别人给了你什么，却不知道你为别人做了什么。如果你蹭得这么心安理得却毫无感恩之心，那么就算你游遍了世界又能怎样？"说完，胡大哥便开车离开了，而晓松，则提前结束了那次旅行，用仅有的几十元钱买了一张返程的车票。

晓松说："自那以后，我一直提醒自己要有尊严地穷游，我不再逃票，也不再把省钱当作唯一的目的。而且我还养成了一个习惯，那就是请每一位帮助过我的人吃顿饭，哪怕只是 10 元钱的路边摊。"

坐在父亲的膝盖上

张大春

我年幼的时候，坐在父亲的膝盖上听他一回一回地讲述《西游记》《三国演义》《水浒传》之类的古典小说。读到这些"往事追忆录"的人也常如我所预见地赞叹我"颇有家学"。可是我一直遗漏了那段"幼承庭训"的日子里，某个小小的、原本看起来并不重要的细节。

当时，住在我家对面的冯伯伯也是一个会说故事的爸爸（以及率先有能力买电视机的爸爸），他的故事总来自当天晚报上的四格漫画。在电视机成为最具吸引力的说书人之前，我常在冯家的院子里和冯伯伯的三个儿女听他说他的故事。冯伯伯有本事把四格漫画说得很长，在原本的故事中加入奇形怪状的动物、尖声恶吼的妖魔、滑稽可笑的小丑和美丽动人的精灵。它们从画框和画框之间窄小的缝隙里飞出，在幽暗阒寂的庭院里乍然出没。

然后，我和我父亲的冲突开始了。我要求他也在孙悟空或者关云长的故事里加入巫婆、仙子乃至大鼻象的段落。我父亲拒绝了。他说："书上没有。"即使在《水浒传》之后，他还说过《聊斋志异》《西厢记》和一部分的《今古奇观》，却从来不肯在古典文集上妄添枝叶，甚至没有一次稍见夸张的拟声摹态的表演。

于是，扇着一双耳朵自天际飞来的大鼻象只能在我上床之后、入睡之前那一段非常短暂又非常沉默的时间里侵入长坂坡，帮助赵子龙解救刘阿斗，然后到金角大王那里去夺回被巫婆偷走的宝瓶，释放瓶中的仙子。这些杂糅的角色和故事继续在我秘密的梦中预演着。

我父亲当然知道：演义早已经翻修了正史，一如正史翻修过事实。然而，他依旧谦卑地、严谨地转述了"定本"上所书写的内容。他让我理解小说不该因转述、再转述而失去它应得的尊重。

而在冯伯伯那里，漫画中的主人公眉飞色舞地周旋在宝藏、妖鬼、怪兽和一切荒诞的可能性之间，使奇遇成为奇遇自己的目的。

你能赢100次

刘 继 荣

父亲的主治医生通知我，说有要事相商，我却迟迟没有过去。

一阵微风穿窗而过，吹落了一片百合的叶子。病床上，父亲仍在昏睡。我整夜握着他的手，这双青筋盘绕的手，曾无数次将我举高，曾给我最大把的糖果，曾为我修出一间向阳的小屋，在门前种树，在窗下种花。而此刻，我不能替他痛，不能替他咳，也不能替他背过那个叫做癌的大包袱。

终于站到医生的门前，却又没勇气推门。整个肿瘤科都静悄悄的，静静地疼。即将崩溃的我，真想不管不顾，躺在冰凉的地上放声大哭，打滚撞墙。

忽然，有个小小声音温柔绽放："来，我们来拍卡片吧！"我木然转过头，打量面前这小男孩。雪白皮肤，鬈发，深目高鼻，很像圣埃克苏佩里笔下的小王子。"小王子"穿落日红的羊毛衫，手里握一沓厚厚的卡片，上面的卡通人物已磨损得面目模糊。拍卡片曾是我的最爱。童年时，老树下，两个小人，头对头，惊呼喧闹，能从日光晴明玩到月上东墙。此刻，我轻轻摇头，他却拉我坐在长椅上。

他的声音轻得像梦，像落花，却格外清晰。"来吧，就玩一会儿！"我摊开双手给他看，"对不起，我没有卡。"是的，我什么也没有，在这世界上，我马上就要变成一个孤儿了。他慷慨地分出一半卡片，交到我手心。"这些都是你的！"我气馁地推开，"可是……我赢不了，我太笨！"他怔了怔，从衣兜里掏出另外一沓卡片，笑道："你看，这些都是我给我的小妹妹买的。"说到妹妹，"小王子"嘴角笑意盈盈，口吻里全是骄傲。他拍拍我的手，"现在全部给你，你肯定能赢！"这世上，晨露般的目光最让人无法拒绝，疲惫、悲哀、疼痛，都不能。

心不在焉的我，局局皆输。"小王子"看着我灰暗的脸，似乎有些担忧。他温文有礼地自我介绍道："我叫沙吉达，跟妈妈一起来的。你叫什么名字？"我手上正拈着个怪兽卡，便闷声答道："我叫怪兽。"沙吉达面露惊恐。我苦笑，若有怪兽的魔力，我必会上穷碧落下黄泉，翻江倒海，与死神对决，救出父亲。沙吉达问："我想给你重新起个名字，叫沙伊达，好不好？"我疲惫点头："好。"随便什么都好，小猫、小狗、小棍子都行。反正，父亲都不能再叫我了。

蓦地，不知哪间病房传来咳嗽声，我惊跳而起，欲冲过去，忽地又意识到，哪里会是老爸呢！他若能咳出这样洪亮的声音，我愿意拿命来换。痴痴想着，手中的卡片撒了一地。那小孩弯下腰，一张张捡起，理好，仰脸叫道："沙伊达，再来玩，我的小妹妹都能连赢 10 次呢！"

听到这句话，我心念一动，忽然抓起卡片，轻声祈祷："仁慈的老天啊，如果老爸还有希望，请让我连赢 10 次！"我打起精神，全面反扑，果然战果辉煌。"小王子"一直在轻轻拍手，轻轻喝彩。忽然，他不解地问："我妹妹赢一次就会翻着跟头笑，赢两次就会像蝴蝶那样，在紫色花田里飞起来笑，你赢了 7 次为什么还撅着嘴巴？"我愣了愣，微微一笑。这时，医生推开门，示意我进去。

跟医生谈了半小时，得知父亲时日无多，我心下惨然，茫然走出来，几乎撞到沙吉达身上。他叫道："沙伊达！沙伊达！"我置若罔闻，他握住我的手，"我们晚上再玩，好不好？你可以赢100次的！"我不回应，他气喘吁吁地说，"沙伊达，我要告诉你一件事！"我挣开那只柔软的小手，径直走进病房。

父亲仍在昏睡，我紧紧握住他的手，像小时候，我不许他去加班，不许他喝多了酒，不许他出远门。不知过了多久，我抬起头，惊诧地看见暮色里那小小少年仍在门外徘徊。我摇摇手，他怏怏离开。入夜，姐姐来换我，嘱我吃饭、休息。走在街上，路两旁灯火通明，小吃店里笑语喧哗，仿佛全世界只有我一人难过。

夜深了，我仍在跟姐姐通话。按照家乡的风俗，明天一早，我们将带父亲回家。两个人都有些黯然，沉默了好一会儿，姐姐说："有个长长睫毛的小孩，不知找谁，在门口坐了好久，刚刚才走……"

我心里一惊：是沙吉达吧，一定是他！他说过，要找我玩，要告诉我一件事的。我沉吟片刻，终究，还是挂掉了电话。

父亲离去时，我很安静，一种认命的安静。只是，我的心却没有了热度。好的音乐，好的文字，甚至好的景色，再也不能令我感动到眼眶湿润。晨跑终止了，体检也一拖再拖，没有什么事非要在今日做完，也没有什么事一定要做。无论内心和肉体修炼到多么强大，只消命运的一阵微风，我们立刻就如吹落的叶子，终结旅途。

暮春，风扬落花。快递员敲门，递给我一个小小的邮包。我以为是前一阵在淘宝上买的小玩意儿，懒得拆封，便随手撂下了。

周末的下午，我接到一个电话，对方说是沙吉达的妈妈。我愣了好一阵，才想起这名字，便问道："您的病好了吗？"她温和地回答："我没有病，病的人是沙吉达。"我的头轰地一响，叫道："他那么小，怎么会是病人？他什么病？"我知道自己问得蠢透了，病魔哪里管年龄、性别、籍贯，住在肿瘤科还能是什么病！

听到"小王子"已经离去，我反复念叨着："不可能的，不可能的……"沙吉达那么小，小得像玫瑰花里新生的蕊，小得像飘在阳光里的金色绒毛，死亡的兀鹰哪里看得到他！可想起他苍白的脸庞，微蓝血管几乎清晰可见，想起他柔弱的声音，连笑起来都有些气促，我的心又开始痉挛。

这位母亲说，在最后的时光里，沙吉达念念不忘，要给一个叫沙伊达的人写一封信。于是，母亲恳求医生帮忙，找到了我的电话和住址。现在，她问我可曾收到快递。

我跳起来，在各个屋子里乱翻，慌乱之中，连饭锅和微波炉都揭开看了一遍。最后，终于在阳台上的花盆边找到了那个小小的邮包。抖着手，拆开一层层包装，我看到了一盒崭新的卡片和一封信。信是"小王子"用拼音写的，我一个音节一个音节地拼出来：亲爱的沙伊达，你能赢100次！下面画着一大片紫色花田，有蝴蝶张开小小翅膀，掠过风，带着笑，飞向云霞深处。我终于明白，风可以吹落一片叶子，却无法吹走一只蝴蝶，因为，生命的力量在于不顺从。

看着看着，我笑起来，笑着笑着，眼泪就掉下来。信纸上似有霞光汹涌，暖流拍岸，连我的指尖和发梢都要开出鲜花来。

沙吉达，亲爱的沙吉达，初相见时，我衣服皱得像咸菜，脸像苦瓜，眼泪随时要掉下来。可你执意跟我玩，执意要我赢，执意想看到我的笑。我们未说再见，却再也不会相见。当我确认自己是弱者，并决定顺从那强悍的命运时，你却预言我能赢100次。

这善意，比生命更长久。它穿过阴霾，照亮岁月，赐予我一片谢了又开的花海。

用一生读懂母亲

海 江

1987 年 2 月，农妇冷凤仙病逝。

母亲去世前留下的一句话，让儿子心生疑惑：到底怎样才是尽孝？

从 2009 年起，她的儿子，南京某公司总经理蒯明亮重走母亲生前路，用了整整 3 年时间，遍寻母亲的亲朋、乡亲，行程 6 万里，写下了 38 篇关于母亲的回忆文章，发表后引发了关于孝道、关于母爱、关于人情的大讨论。

母亲临终留下一句话

1970 年腊月，苏南丹阳乡下。

一户房屋的窗前闪着豆大的灯光，40 岁的冷凤仙轻轻地踩着缝纫机。缝纫机旁堆着一堆衣服，衣服旁放着一个碗，碗里是酒，她不时拿起碗，轻轻抿一口，然后继续干手中的活。旁边的床上，躺着 14 岁的儿子蒯明亮，他从睡梦中醒来，瞄了一眼母亲，翻个身，继续睡。

蒯明亮还有一个姐姐和两个哥哥。为了养家，母亲到县城学了裁缝。几年后，她的好手艺在十里八乡传开了，接的活多了，忙不过来，先是父亲成了她的学徒，几个孩子长到八九岁后，也跟着母亲学起了手艺。

1974 年，蒯明亮上高中时，母亲听说江西三清山可以做木材生意，就跟村里人一起去了。几个月后，她风尘仆仆地回来了，背着四个箱子和一些木制品，她说这都是在那边做生意挣的。

1979 年，蒯明亮考上了南京工学院，母亲兴奋地拿出最后一个木箱："其他三个箱子，都给你姐姐、哥哥结婚用了，这个送给你上大学。"蒯明亮眼睛湿湿的，这是母亲送给他最奢侈的礼物了。

就在这年，母亲迁往陕西宝鸡虢镇，在那里开了个缝纫店。

1983 年蒯明亮毕业，1984 年 5 月，蒯明亮结了婚。他想，自己成家立业了，该让母亲享享清福了。

这年，蒯明亮去宝鸡看望母亲，见母亲头上长了白发，很心疼，想让母亲去南京，方便他照顾。母亲不愿意："拿了一辈子剪子，放下了不习惯。"

蒯明亮有些不高兴了："我现在能挣钱了，家里也不缺你那点辛苦钱。"

母亲叹了一口气，几日后跟儿子去了南京。母亲不那么辛苦了，蒯明亮觉得自己尽了孝，很开心。

那时，大哥在南京开了一家裁缝店，母亲在店里帮忙打下手。母亲有时提意见，大哥也不采纳。蒯明亮渐渐发现，母亲的话越来越少，精气神也没以前足了。

1986 年，母亲吃东西时感觉下咽困难，一检查，医生说是食道癌晚期。

蒯明亮顿觉天旋地转，还没让母亲享到福，母亲怎么就得了这病！

1987 年初，母亲的病情加重，她神色黯然地对儿子说："如果 3 年前你让我在宝鸡做衣服，就不会得这病了。"

蒯明亮心里既委屈也有些不解，他不明白母亲为何责怪自己。2 月 9 日，母亲病逝。蒯明亮痛哭不已，他自以为是的孝心，真是对母亲最大的"不孝"吗？

重走母亲生前路

每年母亲的忌日，蒯明亮想起母亲的那句话，就深感遗憾和自责。

2009年，蒯明亮做出了一个看似让人难以理解的决定：寻访母亲生前的亲朋，重走母亲生前走过的路，重温母爱。

父亲曾说过，光是母亲到县城学裁剪这事，一般人就很难做到。

从家到县城20里，一来一回40里，她全是走着去、走着回，两个月的学习一节课都没落下。蒯明亮决定把这40里路作为重走母亲生前路的第一站。

2009年9月的一天早上7点，蒯明亮从老家出发了。刚刚走了两里路，他就有些气喘了，看看表，已经走了半小时，可母亲走完全程只要两个小时呀。蒯明亮擦擦汗，继续前行，大约走了10里路，他已经吃不消了，可这时时针已经指向了10点，他只得改坐汽车。他无法想象，当初母亲是怎样健步如飞走完这40里路的，而且一走就是两个月！

到了县城，蒯明亮按父亲给的地址去找那家裁缝店，但哪里还有什么裁缝店，那里已经是一座现代化的商场。保安奇怪地望着他说："这楼都盖了10多年了，以前的小店早搬了。"蒯明亮走进商场，在熙熙攘攘的人群中，蒯明亮好像看到母亲正安安静静地待在某个角落，一针一线、一刀一剪地在学着裁剪。

蒯明亮回来后，决定去一趟母亲当年做木材生意的地方。2010年3月，蒯明亮起程去江西，在上饶找到了当时和母亲一起做木材生意的李叔叔。李叔叔带着蒯明亮上了三清山，对蒯明亮说："你看，现在的三清山是旅游景点了，不允许砍伐了。那时候，我们将木材砍伐后，还要从山上运到山下。"

蒯明亮问："怎么运？"

李叔叔用手拍拍肩膀："用这个！从1800多米高的山上把木头扛到山下，你妈比男劳力还能干，从不叫苦。"

蒯明亮的眼泪夺眶而出，母亲啊，你送给我的箱子，竟是你做苦力换来的！

母亲的言传身教

母亲生前做裁缝的最后一段时光是在宝鸡虢镇，蒯明亮决定去那里看看。

2010年9月的一天，蒯明亮和妻子驱车从南京出发去宝鸡。路上妻子说："现在村镇变化大，母亲以前租的裁缝店可能早就不在了，毕竟20多年过去了。"

蒯明亮说："母亲在那边收了个徒弟，是镇上的人。以前我去时，母亲让我叫她杜姐，见过一次面，应该还能找到。"

虢镇完全变了样，原来低矮的草房全成了二层楼的门面房。蒯明亮问一个上了年纪的店主，知不知道20多年前这里有个裁缝店。店主笑着指指街那头说："那边有一家，做了一辈子裁缝了，老板是杜师傅。"蒯明亮眼里闪出了希望。

那家裁缝店很小，一块裁衣板占去了店里很大的空间，上面堆满了衣服。一位头发花白的师傅戴着老花镜，低头踩着一台老旧的缝纫机。

当年的杜姐跟自己的年龄相仿，还是个漂亮的小姑娘，眼前的这个人是她吗？蒯明亮试探地叫了一声"杜姐"，那师傅抬起头来，一脸茫然。他连忙自我介绍："我是冷师傅的儿子明亮啊。"

杜姐一下子想起来了："我知道，我知道，师傅常夸你，说你最有出息了。"

杜姐说："师傅刚来这个镇时，街坊议论纷纷，一个外地女人，来这里能做什么生意？裁缝店开了半个月都没有生意。终于有人拿着布料让师傅做了一件衣服，做好后，顾客一试，高兴极了，说比买的还合身。"

名声传出去了，生意慢慢好起来。母亲收了杜姐做徒弟，却一不要学费，二不要报酬。师傅教徒弟，注重身教，她常说"学不会丢人，偷来的不丑"，那时杜姐不理解"偷"的意思，后来她才醒悟：师傅是要她时刻留意，观摩偷学。

师傅还说："一块布就像一块田一样，你在上面种什么，就能收到什么，你多拔拔草、施施肥，就能得到好收成。做衣服，用心剪裁，就能做出好看的衣服。"

终于读懂母亲

杜姐告诉蒯明亮，那次他让母亲跟他去南京时，师傅很犹豫："我不拿剪子，就什么都没有了。我用一把剪子养活了一个大家庭，现在他们都成家立业了，有本事了，我没用了吗？"

听到这儿，蒯明亮的眼泪流了下来，没想到自己当初的决定竟伤害了母亲。

从虢镇回来后，蒯明亮决定回老家，看看那里的山、那里的水，那里有母亲留下的足迹。

从公路到家门的那条 300 米长的石子路，是 1980 年母亲出钱修的。当时全家人都不赞成，这要花多少钱，这路又不是自己一家人走，全村人都走，凭什么要自家出钱修？

母亲说："修路不仅方便自家，也可以方便大家。"父亲先是不表态，后来也随了母亲，他太了解妻子了，她说出的话一定要做，要做的事一定能做好。

忙了一个月，石子路铺好了，村里人走在路上，对母亲赞不绝口，说母亲大气，村里几辈子都没出过这样的女人。工程结束，一算账，花了 2000 多元钱。那时，母亲给人家做衣服，一天的工钱是 1 元钱，2000 多元钱，她要做几年衣服呀。

20 多年过去了，这条路已经坑坑洼洼，蒯明亮走在上面，眼前浮现出当年母亲拉石子铺路时兴奋的样子。他蹲下来，拾起一块石子仔细端详，这是 20 多年前母亲拉过的石子吗？给母亲上完坟后，蒯明亮来到村长家，要捐钱把这条石子路修成水泥路，就像母亲当年那样。

蒯明亮沿着母亲的人生轨迹，重走母亲生前走过的路，在寻访中终于明白了什么是母爱。正如一位网友所说："其实，每一位母亲都需要孩子用一生去读懂。"

妈妈的脊梁

三 木

今年 20 岁的孟佩杰是山西师范大学临汾学院一名特别的大学生，在她迈进大学校园那天，她还带来了瘫痪在床的妈妈。在同学们享受着五彩斑斓的大学生活时，她每天不但要学习和照顾妈妈，还要四处寻找兼职撑起这个"临时"的家。她的孝心与坚强感动了无数人，她不仅成为临汾市年龄最小的"十佳道德模范"，还在网络上意外走红。可鲜为人知的是，她照顾的妈妈竟是只抚养了她 3 年的养母，可她从 8 岁那年就接过了照顾养母的担子……

父亲遭遇不幸，5 岁女孩改父易母

1991 年 11 月，山西省临汾市隰县一户贫困人家突然热闹了起来，一个小生命降生了。孩子的父亲叫吴云，是一名工人；母亲张玉靠打零工维持生计。吴云给女儿取了个男孩的名字——吴佩杰。

1996 年 5 月的一个晚上，吴云过马路时没来得及避让迎面驶来的货车，被卷到了车轮下当场毙命。肇事司机害怕承担责任，索性逃逸了。

在亲友的帮助下，张玉才得以处理完吴云的后事。但从此，本就身体虚弱的张玉一蹶不振，这个小家庭陷入了困境。

张玉眼看自己的身体状况一日不如一日，心里便萌生了一个无奈的想法——将女儿小佩杰送人！很快，在熟人的介绍下，张玉找到了一个理想的收养家庭。

对方叫刘芳英，和丈夫结婚近10年也没有怀上孩子，所以一直想收养一个孩子。更让张玉放心的是，刘芳英还是当地文联成员，多年从事群众文化工作，乐于助人、热情大方的她曾先后在多个领域获得四十多个奖项。把女儿交给这样一个女人培养，将来一定能有出息。

养母瘫痪养父逃离，8岁女孩独自撑起一个家

刘芳英的丈夫叫孟宝江，夫妻俩商量，为了将对孩子的伤害降到最低，他们不但尽量复制吴佩杰以前的生活环境，连她的名字也只改了姓，改为孟佩杰。

1996年11月中旬，孟宝江夫妇刚陪孟佩杰过完5岁生日，噩耗再次传来，孟佩杰的生母张玉因病去世了。

1997年2月末，刘芳英将孟佩杰送进了小学校园，开始上一年级。也许是孟佩杰从小就冰雪聪明，尽管没上过幼儿园，但一年级的课程并没难倒她，她经常得到老师的夸奖。

1999年6月的一天早晨，刘芳英像往常一样准备起床给孟佩杰做早饭，却怎么也起不来。刘芳英赶紧推醒丈夫，孟宝江和孟佩杰急忙把她送到了附近的医院，医生的诊断结果让一家人目瞪口呆：刘芳英患上了罕见的椎管狭窄。

医生告诉孟宝江，他妻子的病只能通过手术治疗，而且成功率只有50%，如果不冒这个险，她将永远瘫痪。

这年7月中旬，孟宝江东拼西借总算凑齐了手术费，将妻子送进了手术室。然而，情况并不乐观，刘芳英手术失败，从此瘫痪了。

"妈妈，你别伤心了，不是还有我吗？我长大了！"这个暑假，懂事的孟

佩杰陪在养母身边，一刻也不愿离开。但她哪里知道，这仅仅是苦难的开始。

刘芳英的瘫痪，让这个原本幸福的小家一时间陷入了混乱。

"芳英，我还是出去打工吧，这样或许能挣更多的钱，帮你找最好的大夫治病。"有一天，孟宝江突然向刘芳英提出外出打工，刘芳英只好同意了。

2000年春节，刘芳英一家过了个十分冷清的年。孟宝江准备过完春节就出去打工，而孟佩杰毕竟还是孩子，除了给予简单的安慰，无法分担更多的生活重担。更让刘芳英母女俩没想到的是，春节刚过完，以打工名义离开家的孟宝江便彻底消失了。

丈夫选择了逃离，自己又瘫痪在床，将来该怎样面对生活？刘芳英觉得生活已无希望，再也没有活下去的勇气。她借故托邻居买了几盒止痛片，想一了百了。然而，就在刘芳英准备吞下数十片止痛片时，被孟佩杰发现了。

"妈妈，你这是干什么啊？你走了我就真成了没人疼、没人管的孩子了……"坚强的孟佩杰第一次在刘芳英面前放声痛哭起来，刘芳英只好答应女儿，以后再也不干傻事了。

看着眼前的刘芳英经受着肉体和心灵的双重折磨，孟佩杰知道，此时自己就是妈妈的依靠，自己一定要坚强起来，撑起这个家。从此，刚满8岁的孟佩杰承担起了照顾养母的所有琐事。为了能让刘芳英吃得有营养，孟佩杰变着法子做各种营养餐；为了不让刘芳英长褥疮，孟佩杰每天都帮她擦洗身子；孟佩杰知道刘芳英在床上躺一天有多么辛苦，所以尽可能地帮她做各种力所能及的肢体活动。

背着养母上大学，"最小道德模范"走红网络

2006年，孟佩杰考上了当地的重点高中。

2009年，孟佩杰以优异的成绩考上了距离家乡一百多公里的山西师范大

学临汾学院。虽然上大学一直是孟佩杰的梦想，但是她觉得不能怠慢了妈妈，于是决定放弃上大学。可是怎样才能减轻妈妈的自责和精神负担呢？孟佩杰觉得只要告诉妈妈自己没考上大学，便可以顺理成章地辍学在家照顾她了。

"孩子，我看电视上说好多学校的录取分数线都出来了，你考上了没有？"这年7月中旬，刘芳英有些按捺不住了，忍不住三天两头追问孟佩杰。

"妈妈……我被山西师范大学临汾学院录取了……"看着刘芳英期盼的眼神，原本打算撒谎的孟佩杰不想让妈妈失望，只好如实相告。让孟佩杰没有想到的是，尽管学费没有着落，但妈妈听说她考上了大学，还是非常激动，不禁抱着她哭着说："孩子，你是妈妈这一辈子的骄傲。以后一定要好好读书，将来要有所作为啊！"

"但是我不想去上大学了。家里条件不允许，您一个人在家里我也不放心。我要留下来照顾您。"孟佩杰缓缓地说，希望刘芳英能同意她的决定。

哪知刘芳英一听便急了，她知道这些年孟佩杰比其他同学付出了更多的努力，现在孩子好不容易考上了大学，自己一定不能当孩子的绊脚石。

"妈妈，如果非要我上大学也行，但我一定要把你带在身边……"就这样，孟佩杰和刘芳英决定一起奔赴百公里外的临汾学院。为了凑齐学费，暑假里她不得不四处找街坊邻居借钱。尽管大家都很支持孝顺懂事的孟佩杰，可最终还是有部分学费没着落。无奈之下，孟佩杰便决定打工挣学费。

7月，烈日炎炎，孟佩杰却身兼多份杂工。每天大清早起床帮妈妈整理完毕后，便跑到菜市场帮人搬菜；中午还得顶着烈日走街串巷发传单；在安排好妈妈的午饭后，下午再去超市当营业员。那段时间，孟佩杰连走路都是跑着，生怕耽误了事。好在拼命工作了一个多月后，学费的窟窿总算补上了。

2009年8月中旬，孟佩杰考虑到要照顾妈妈，学校的宿舍肯定是不能住了，只好先去学校周边租合适的民房。几天的奔波后，她总算在离学校不远处租了一间租金便宜的简陋民宅。随后，孟佩杰又返回隰县，将妈妈和一些生活用品带了过去。

9 月初，新生们兴高采烈地到学校报到，大家也渐渐注意到了这个开朗的笑容里暗藏几分酸涩的女孩。孟佩杰带养母上大学的消息不胫而走，同学们都为她 8 岁就扛起如此重担而敬佩不已。这年年末，临汾市授予孟佩杰母女"文明和谐家庭"荣誉称号。

虽然跨进了大学校门，可孟佩杰丝毫不敢放松，因为生活费全得指望自己勤工俭学赚取。到 2010 年暑假，孟佩杰历经苦难，已经不是当初那个对打工毫无经验的小女孩了。她靠发传单、当家教等兼职，每个月不但能照顾好妈妈，偶尔还有多余的钱给妈妈买新衣服。

孟佩杰的事迹很快在学校里传开了。2010 年，孟佩杰被评为临汾市年龄最小的"十佳道德模范"。这年年末，临汾市第三人民医院领导得知孟佩杰的感人事迹后，将刘芳英接入医院免费治疗。

2011 年 6 月初，有好心人将孟佩杰的事迹传到了网络上，她的孝心感动了无数网友，很快便在网络上走红，被誉为"最美的女孩"。

6 月 24 日，刘芳英迎来了瘫痪在床后的第 12 个生日。孟佩杰让妈妈吹完蜡烛后，执意要她许个愿，刘芳英忍不住将愿望说了出来："希望自己能站起来，希望还能负起做母亲的责任，给女儿安全和依靠……"病房里，刘芳英眼眶湿润："我只照顾了你 3 年，你却要照顾我大半辈子……"

百善孝为先。孟佩杰在 8 岁那年，扛起了连养父都畏惧的沉重担子，为年轻的"90 后"们树立起了敢于担当的榜样。如今，孟佩杰已经大三了，她不仅憧憬自己的前程，更为妈妈日渐好转的病情感到开心。

肆

疲惫生活中的
英雄梦想

徐霞客的意义

最爱君

1924 年 6 月，英国探险家乔治·马洛里和队友出发攀登珠峰，就再也没有下来。此前，他已经失败过几次，但还能活着回来。有记者不断地问他，你为什么要攀登珠峰呢？

其实，他们想问的是，攀登珠峰有什么意义，值得你用命去搏？马洛里被逼急了，说了一句禅味十足的话："因为山就在那里。"

一

徐霞客生活的年代，在历史学上被标示为"明朝晚期"。

当时的大众旅游风气之盛，跟现在有得一拼。

每逢春秋佳日或传统节日，著名景点乌泱乌泱都是人。泰山、普陀、九华、峨眉等名山胜地，游人如织，香火如云。

徐霞客的旅游也经历过一个"咖位"不断进阶的修炼过程。他早年立下壮游天下的远大志向，与社会的旅游风尚不无关系。"丈夫当朝碧海而暮苍梧，乃以一隅自限耶？若睹青天而攀白日，夫何远之有？"这是他的豪言壮语。

现代攀登珠峰的人不要命，一般都会把遗书准备好，当时热爱旅游的人也有一股搏命的精神。

年长徐霞客大约二十岁的袁宏道在攀登华山时，险些失足丧命，却没有后怕之意，反而吟道："算来白石清泉死，差胜儿啼女唤时。"

人总有一死，或死于卧榻之上，妻儿在一旁哭哭啼啼，或死于远游途中，长眠在清泉白石之间。袁宏道希望自己是后者。

在徐霞客三十余年的旅游经历中，楚、粤西、黔、滇之游是最为艰苦的。他为这次出游谋划了很多年，一直担心再不出发就年老力衰去不了了。

崇祯十年（1637 年）正月，终于进入湖南境，开启楚地之游时，他已经五十岁了。

此行他只携带了基本的生活必需品，除了暖身的衣服和盘缠外，没有准备任何防身的武器。他的远游冠中，藏着母亲生前给他的礼物——一把银簪。母亲在他首次旅行时，将此银簪缝于帽中，以备不虞之用。

他随身的考察工具极为简朴，一支笔，一个指南针，却携带着丰富的书籍，都是一些派得上用场的地理资料。

最后，他不得不怀揣朋友们的引荐信，以便在危难的时候向地方官求助，或筹措路费。

和他一同出发的，有两个人。一个是仆人兼导游顾行，另一个是和尚静闻。静闻是要到云南鸡足山朝圣的。徐霞客可能背着一把锸，用他的话说，随时随地可以埋葬他的身躯。

徐霞客在启程之前已做好遇难捐躯的思想准备。在写给大名士陈继儒的信里，他说万一有个三长两短，死在这片"绝域"，做一个"游魂"也愿意。

旅程的艰险，确实配得上他的思想准备：多次遭遇强盗，三次绝粮。一路下来，他练就了贝爷一般的荒野求生能力，可以几天不吃饭。

在湘江的船上，一伙强盗趁着月色来打劫。徐霞客跳江逃生，丧失了随身的财物。静闻死守船中，救出了《徐霞客游记》手稿及同船人的财物，身负重伤。顾行也受了伤。

尽管备受打击，徐霞客没有考虑返程。他的方向不会变。

最终，静闻死在粤西之游的路上。徐霞客带着他的骸骨和刺血写的经书，直奔鸡足山，完成了这位风雨同路人的遗愿。

在云南太保山漫游时，有人要去江苏，问徐霞客要不要帮他带家书回去。

徐霞客犹豫许久，婉言谢绝了。他说："余念浮沉之身，恐家人已认为无定河边物，若书至家中，知身犹在，又恐身反不在也……"

不过，当晚，他为此失眠，还是写了一封家书。

对他来说，死亡是每天可能邂逅的东西。所以，是死是生，两可，他无从预知自己能否看到明天的太阳。

1639 年，这次万里远游以一场致命的疾病结束。

徐霞客因久涉瘴地，染疾在身，在鸡足山养病，后病重，双脚尽废。1640 年，一帮人用滑竿把他抬回了江阴。

1641 年，徐霞客溘然长逝。

二

徐霞客在世的时候，他的朋友圈已经公认他是奇人、"怪咖"。

曾任宰辅的文震孟说："霞客生平无他事，无他嗜，日遑遑游行天下名山。自五岳之外，若匡庐、罗浮、峨眉、崤岭，足迹殆遍。真古今第一奇人也。"

当时的文坛领袖钱谦益也说，徐霞客是千古奇人，《徐霞客游记》是千古奇书。

晚明旅游之风那么盛，登山不怕死的也不少，为什么只有徐霞客游成了"奇人"？最根本的原因是，徐霞客跟其他任何一个旅游者都不一样。他无编制，无职业，无功利心。

袁宏道经常在游记里把自己描写成离经叛道的怪杰，但他与徐霞客的距离，至少差了一个王士性。

这三个人，都是晚明著名的旅游达人，但除了晚辈徐霞客，其他两个都有编制。他们的旅游，在当时被称为"宦游"，就是借着外出求官或做官之机，顺便旅游。

徐霞客不一样。他是个字面意义上的"无业游民"，为了旅游而旅游。或者说，他的职业就是旅游，他的人生就是旅游，他为旅游而活。这样的职业旅行家，在传统中国社会是独一无二的。所以，他比其他任何旅游者走得更远，也更专业、更卖命。清朝文人潘耒评价他说："以性灵游，以躯命游，亘古以来，一人而已。"

徐霞客途穷不忧，行误不悔，多次遇盗，几度绝粮，但仍孜孜不倦去探索大自然的未知领域，瞑则寝树石之间，饥则啖草木之实，不避风雨，不惮虎狼。他摆脱了视游山玩水为陶冶情操之道的传统模式，赋予了旅游更具科学探索与冒险精神的内涵。他征服过的地方，往往是渔人樵夫都很少抵达的荒郊，或是猿猴飞鸟深藏其中的山壑。

他白天旅行探险，晚上伏案写作，有时甚至就着破壁枯树，燃脂拾穗，走笔为记。他以客观严谨的态度，每天忠实记录下当天的行走路线，沿途所见的山川风貌与风土人情，以及他的心得体会。

关键是，他写游记压根儿不是为了发表。写着写着，写成了习惯，或许就把写游记当成了与自己的对话而已。

可以说，他所做的一切，纯粹是为了满足自己的求知欲和好奇心，除此之外，他没有什么功利心，也没想过什么实用价值。也正因此，他才不会变得短视，从而使得自己的人生与文字在几个世纪之后仍然散发着理性的光辉。

<h1 style="text-align:center">三</h1>

面对徐霞客这样的"怪咖"，我们几乎无法做出合乎社会规范的评价。不管是晚明的规范，还是现在的规范，似乎都容纳不了这样一个人。

我们现在把徐霞客捧得那么高，其实无非看中了他的游记中体现的科学精神。但这一点，徐霞客本人并不在乎。他的游记流传下来，本身就带有偶然性。

如果他的游记失传了，我们还会如此追捧他吗？我想，肯定不会。

清代纪晓岚评价徐霞客时，显然遇到了类似的困境。他在《四库全书总目》中给予《徐霞客游记》较高的评价，说"其书为山经之别乘，舆记之外篇，可补充地理之学"。但他对徐霞客的人生选择并不赞赏，所以对徐霞客的旅游动机进行了揣测和批评，说徐霞客"耽奇嗜僻，刻意远游"。就是说，徐霞客性情乖僻，惯于标新立异，处心积虑地游走他方并沉溺其中，有沽名钓誉之嫌。

搁在今天，这句话的意思就是，你的行为超出了我的想象，所以是可疑的。

徐霞客觉得自己的活法很有意义。对不起，我们都觉得没意义，就没意义。

总有一些超越世俗的无意义的事情，总有一种纯粹的内心需求，孤悬着，没人理解。哪怕极少数人走出暗室，看到了阳光，大多数人也不会认为阳光下就比暗室里温暖。

因为，他们已经逾越标准答案的范畴，相当于自行答题。人生的标准化是从标准答案开始的。你应该活成什么样子，什么时候应该干什么事，这些都有标准答案。每个人都要对照标准答案作答。

徐霞客，偏题了，只能被归入"千古奇人"。

和命运死磕

小马哥

有那么几年，曾经的同学或工友来北京出差、旅游，我所工作的中央人民广播电台成了他们必到的地方，仿佛这也成了一个旅游景点。他们在参观完我的工作环境，尤其是看完传说中的直播室后，总会说一句："原来，你真的在中央台做播音员，而不是修车啊。"

我哑然失笑。在故乡做汽修工 10 年，修车是我赖以生存的技能。在他们的眼中，我即使离开了那个汽修厂，要养活自己，也还得靠这项技能。而且，在他们的意识中，能进中央人民广播电台工作，尤其是做播音员，没有背景，没有耀人眼目的学历，那是不可能的。

他们和我是同学，知道我的起点：父母早亡，中学未毕业就开始修车，和他们一样在戈壁大漠中度过自己的青春年华。即使在我工作的汽修厂的广播站，我也没能当上播音员，怎么我离开故乡 3 年多，就进了中央台工作？所以每一次，他们问起这个话题，我都不知怎么回答，就只好说："我只是走运而已。"

只有我知道，人生，哪有那么多的好运气。

是的，我起点低，初三只上了不到一学期就辍学了，至今也没有一张中学毕业证。在故乡，我只能做最辛苦的工作。而广播站的播音员，不但普遍家境较好，而且都是相关专业的人才，与我是毫无干系的。

幸好，在故乡修车的 10 年中，我遇到了广播和书籍。它们打开了我通往外面世界的窗口，也支撑着我脱下沾满油污的工作服，走出那片我曾流汗流泪的土地。

寻梦的路是崎岖的，初来北京没几天，我就感到了诸多不适应。先是住宿问题，一个同乡帮我联系了学校负责管理宿舍的老师。当时还算幸运，恰巧是暑假，宿舍空余的床位较多，我便很顺利地住进了学校。

那间宿舍里有 4 个同学，尽管已经放假，但他们都没有回家，整天在宿舍里打牌聊天，逍遥自由得不得了。而我这样一个外人突然闯进来，打破了他们的平衡，他们很不习惯，于是通宵玩闹、喝酒，试图通过这种方式撵我走。

后来某个晚上，我实在受不了他们的吵闹，又不好意思开口请他们安静下来，就在操场待了整整一夜。那年我 26 岁，他们都比我小，又都是富家子弟，在他们看来，我这个贫寒的大龄青年和他们根本就不是一路人。

如果在以前，我可能会跟他们理论几句，但是当时我身上的钱很有限，外面的招待所绝对是住不起的，也只有这收费低的学校宿舍我能住得起。所以，我必须让他们接纳我。

于是从那天起，起床后，我主动收拾宿舍，打好开水。午饭时，他们若还没有起床，我就帮他们打好饭。晚上他们玩他们的，我睡我的，居然也就顺利入睡了。几天下来，我们熟悉了，他们也就不好意思再这样对我了。

不过，这还只是一个小插曲。生活，逐渐向我展示了它残酷的一面。从新疆出来，我身上只有 3 万多块钱，交完学费，还有一些生活费的支出，钱越来越少。课余时间，为了赚钱贴补生活，我会做点配音和解说的工作。

有一个冬夜，央视的一档节目叫我去试音，要求晚上 8 点前到。7 点半，我就到了约好的录音机房。当时，我口袋里只剩下 10 元钱，之前一档节目的配音费用大概还有一星期才能拿到。

我想，如果今晚试音顺利通过的话，我就恳求节目组的老师，看能不能预支 100 元钱，这样我就能熬过这一星期。

没想到，那天录音很不顺利，机房一直到晚上 11 点才轮到我。5 分钟的片子，我反反复复录了将近半小时才完成。从皂君庙的机房到传媒大学的公交车，末班车是晚上 12 点。如果 12 点前告诉我是否通过，即使不给我提前支付工资，让我能赶上末班车也行，10 元钱足够我回学校了。

可时间一点点过去，我焦急地等待着结果，一个多小时后，他们才告诉我没有通过，而那时已经是深夜一点半。摸着口袋里那张孤独的 10 元钱，我嗫嚅着恳求节目组的那位老师，让我在门口的沙发上挨一晚，因为我实在没有钱打车回学校了。那个年轻的老师看了看我，勉强答应下来，叮嘱我天一亮就得赶紧离开。

那一夜，失落和怀疑让我无法入睡。

播音是我一直以来喜欢的事情，为了它，我远离亲人朋友，背井离乡，千里迢迢来到北京学习。可是，我居然连一个节目组的配音要求都达不到，那将来，我还能依靠这个生活吗？

那个冬夜，我蜷缩在录音机房的沙发上，孤独落寞，直到天色渐明。

很多年之后，每当我路过北京皂君庙的那家机房，总会想起当年的那一幕。我真想走到那个在暗夜里伤怀疲惫的年轻人身边，陪他坐下来，告诉他这点小挫折不算什么，谁的娴熟技能不是从失败中一点点积累起来的呢？在错误中总结经验，然后经过千百次的锤炼，你肯定会越来越精进，越来越成熟的。没关系，坚持走下去，你总会迎来明媚的阳光。

也就是 26 岁那一年，我通过了成人高考，先后进入中华女子学院、中国传媒大学学习。

这些年，每当我失去斗志的时候，我都会回到我在女子学院读书时住过的那个地下室看看。

北京，北四环小营世纪村小区。我曾住在这个听上去很气派的小区一个由防空洞改装而成的地下出租屋里。顺着楼梯往下走，楼梯很狭窄，下面却别有洞天。

第一次进去，那条一眼望不到头的长走廊深深地震撼了我——恐怖片也不过如此吧。走廊两边是密密麻麻的木门，木门上头便是一个巴掌大的排气口，每个门上边都有一个号码。走廊尽头的那间房，就是当时我和同学一起租住的地方。房间很小，大概只能放下 3 张单人床和一张小桌子。唯一让我觉得给房间增加了几分色彩的，是桌子角落里堆得高高的一摞书。

这里房间与房间之间的墙就是很薄的一块板，没有丝毫隔音的效果。半夜人走过大声吵闹的声音，不远处公共卫生间冲水的声音，舍友们熟睡中打鼾的声音，都清晰入耳。然而，当生活将隐藏的伤口赤裸裸地撕裂给我们看时，除了接受，我们还能做什么？

生活可以廉价，但梦想不可以。正是在这样的环境里，我越发懂得，梦想，唯有努力争取，才会有曙光乍现；只有坚持不懈，它才会向你露出笑脸。

其实，这世界上哪有什么顺风顺水，生活里，哪有什么一步登天的快捷方式！远方的目的地都是一步一个脚印踩过去的。其中，你会走过泥泞，面对困难，经历磨难，每一件事情都有可能打败你，让你投降放弃。只有跨过去，战胜它们，你才会成长。

人生就是在这样不断地轮回。也只有死磕到底，你才会最终获得想要的东西。

史铁生：最后的聚会

刘廷欣

"米黄色的裤子，咖啡色的条绒夹克，戴着手套的双手就像插在口袋里。戴着棒球帽，脚下是永远不沾地的皮鞋。"这是史铁生延续多年的招牌打扮。在老朋友、老邻居王耀平眼里，这代表着"铁哥"的文学青年范儿。

这一次，史铁生仍穿着这一身，平躺在朝阳医院的临时手推板床上，呼吸渐渐微弱。下午，史铁生做完例行透析，回家后突发脑溢血。

晚上九点多，老朋友、宣武医院神经外科及介入放射诊断治疗中心主任凌锋赶来，轻轻翻开史铁生的眼皮，发现瞳孔已经渐渐放大。凌锋感叹："他的角膜真亮啊！"

史夫人陈希米签了停止治疗的同意书，还要签一沓器官捐献同意书。病了几十年的史铁生，想在死后切开腰椎，看看那里到底出过什么事。

陈希米问凌锋："他这脊髓和大脑有研究价值吗？"凌锋说："太有了。"还有那亮亮的角膜，凌锋问："能捐吗？"陈希米忙点头："可以，可以，完全可以。"史铁生讲过，把能用的器官都捐了。

天津红十字会的人赶来，他们负责协调整个华北地区的人体器官捐献。凌锋说，2010 年，这么大的华北地区，只有五个人捐过，史铁生是第五个。

史铁生昏迷着，身子因脑溢血微微颤动。陈希米扶着他的头，像平常在家里时一样，淡淡地说："没事了。""你别动。"旁边懂医的人劝她："别弄了，他没有意识了。"陈希米没听到一样，继续扶着他说话。

过了一会儿，她起身去旁边的病房办器官捐献手续。刚一走，史铁生全身挣扎，心电图立刻乱了。朋友何东赶紧去找陈希米，她回来一弄，好了。再去，史铁生又闹。最后只好把手续拿到病床旁边办，这下史铁生安安静静了。

"这事情，医学能解释吗？他俩之间，肯定有一个灵魂交流的世界。"何东说。

2010 年 12 月 31 日 3 时 46 分，史铁生在武警总医院停止了心跳和呼吸，表情轻柔而安详，"像睡着了一样"。再有四天，他就六十岁了。

所有的医护人员走向他，三鞠躬。

开始肝脏移植手术，肝脏被飞驰运往天津。

九个小时后，史铁生的肝脏在另一个人的身体里苏醒。

没有太阳的角落

史家这一辈的男性名字中都有一个"铁"字。因为史铁生的第一位堂兄出生时，有位粗通阴阳的亲戚算得这一年五行缺铁。

堂兄弟们都健康平安，只有史铁生终究还是缺铁，"每日口服针注"。他有点庆幸父母在"铁"后选择了"生"字，也许不经意，却"像是对我屡病不死的保佑"。

十八岁时，史铁生从清华附中毕业，去陕北农村。这个家庭出身不红不黑的少年，看着大家都去，有些兴奋地以为这是一次盛大的旅游或探险。

干了三个月农活后，他因腰腿疼痛回北京治疗。两个月后没诊断出大毛病，也不疼了，于是又去陕北。队里照顾他，给他安排了喂牛的活儿。

放牛不算重活，但耗时而辛苦。有时候，史铁生帮村民漆画箱子，换人家去帮他放牛，还能换一顿杂面吃。

1971 年夏末，在一次放牛时遇到暴雨冰雹，史铁生再次病倒，高烧，腰腿一天比一天疼。同去的校友老李记得，此时的史铁生脾气火暴，远不像后来那样淡然，他跟医生大吼："你不治好我，我拿菜刀劈了你！"三十多年后，那医生已经不记得史铁生的长相，却还记得这句狠话。

史铁生又一次回到北京，自己一步一步走进友谊医院。一年多后，离开医院时，他的下肢彻底瘫痪，只能由爸爸用轮椅推着回家。此时，他二十一岁。

他整天用目光在病房的天花板上写两个字，一个是"瘤"，大夫说如果是肿瘤就比较好办；一个是"死"，他想，不是肿瘤就死了吧，也比坐轮椅好。有人劝他：要乐观些，你看生活多么美好。他心里说：玩儿去吧，病又没得在你身上，你有什么不乐观的？

史铁生的脾气变得暴怒无常，他会突然砸碎面前的玻璃，或猛地把手边的东西摔向墙壁。他在地坛的老墙下，双手合十，祈求神明。古园寂静，神明不为所动。

老李记得，从发病到截瘫，史铁生自杀过三次，却因电灯短路而活了下来。

1974 年，史铁生拿出当年画箱子的本事，在街道工厂找到一份临时工作——在木箱或鸭蛋上画仕女，有时候画山水，卖给外国人。没有公费医疗和劳保，他只能摇着轮椅拐进不为人知的小巷，和大爷大妈们一起挣些糊口钱，每月十五元，一干就是七年。

纸笔碰撞开一条路

终于醒悟：其实每时每刻我们都是幸运的，因为任何灾难的前面都可能再加一个"更"字。

——《病隙碎笔》

2011 年 1 月 2 日，熙攘的雍和宫大街上，一个小小的院门掩在一排香火店中。紧挨院门的一家小店门口，有人喊着："姑娘，来算一卦，你一辈子都忘不了。""小伙子，你别不信。"突然，那人脱下生意人的面孔，凑过来，成了街坊的样子，"你是来找史铁生的吧？看，他原来就住这间房。"

很多年前，轮椅上的史铁生就从这里摇出家门，摇过只容一人通过的大杂院窄道，去不远处的地坛。那时的地坛荒芜冷落，如同一片野地。史铁生说："在人口密集的城市里，有这样一个宁静的去处，像是上帝的苦心安排。"

史铁生的车轮压过地坛的每一块草地。他带着书，读一段，摇一段，有想法了马上停下，摇着走时可能又有更好的想法。他渐渐带上了本子和笔，到园子的角落偷偷地写文章。有人走过来，就把本子合上，把笔叼在嘴里，怕写不成反落尴尬。

1979 年，在西北大学中文系办的刊物《希望》上，史铁生第一次发表小说《爱情的命运》，开始用纸笔在报刊上碰撞开一条路。此时，他也终于被落实了优待政策，有了公费医疗和民政部门给的每月六十元的生活费。

生活刚刚展露一点欢颜，要命的尿毒症又来了。体力不支让史铁生辞去了街道工厂的临时工作，待在家中写作。

"起落架（两条腿）和发动机（两个肾）一起失灵。"史铁生这样说。

朋友徐晓记得，史铁生刚得病时被人嘲笑，恨得想抱着炸药包冲过去，和他们同归于尽；几年后，再有人嘲笑，他有的不再是恨，而是怜悯。"提起他的境遇，人们往往会想到一个夹着纸烟、闷闷不乐、敏感而又古怪的形象。但是，这种形象不属于他。只要见过他笑的人，就绝不会认为我的话有丝毫夸张——他笑起来小眼睛眯成一条缝，有时还透着几分孩子般的狡猾，像是对某个恶作剧彼此心照不宣似的——你绝不可能在他那个年龄的其他作家的脸上看到那么单纯而又灿烂的笑。"

1983 年，史铁生的小说《我的遥远的清平湾》获得该年度"全国优秀短篇小说奖"。全国十几家媒体拥到他家，他愁得不知如何躲，最后在门上贴字条："史铁生一听有人管他叫老师就睡觉；史铁生目前健康状况极糟，谈话时间一长就气短，一气短就发烧、失眠，一发烧、失眠就离死不远；史铁生还想多活几年，看看共产主义的好日子。"但人真的上门来，他又常常不好意思说"不"字了。

残疾有可能是这个世界的本质

我一连几小时专心致志地想关于死的事，也以同样的耐心和方式想过我为什么要出生。这样想了好几年，最后事情终于弄明白了：一个人，出生了，这就不再是一个可以辩论的问题，而只是上帝交给他的一个事实；上帝在交给我们这个事实的时候，已经顺便保证了它的结果，所以死是一件不必急于求成的事，死是一个必然会降临的节日。

——《我与地坛》

在王府井书店的角落里，何东看见一本装帧简陋的白皮小书《我 21 岁那年》。二十一岁，史铁生开始腿瘫，他写自己是怎么面对的。以硬朗著称的主持人何东在书店里一边看，一边哭。

何东一直觉得这世界上没什么事情是应付不了的，最多一死。但当父亲得了癌症，医生宣布一点办法都没有时，他崩溃了。那些以前看的书，教人刚强的、有意志力的，这会儿全没用了。"我一个念书的人，六神无主，就去医院旁边的书店翻，看有什么书能解决我的这个问题，每天去，每天去，非常失望。很少有书教人救自己，让人内心能面对自己，没有。"直到碰见史铁生的那本小书。

何东又找史铁生的名篇《我与地坛》来看："它告诉我，除了一个现实的世界，还有一个灵魂的世界。"

父亲1995年过世后，何东第一次去史铁生家找他，碰到一个香港记者正在采访。记者问："您的专业就是在家写作吧？"史铁生说："不是，我的专业是在家生病，我业余写作。"

生病越来越成专业的了，透析开始占去一星期中的三天时间和越来越多的力气。剩下的四天，每天也就能写两三个小时。即使这样，史铁生还是在四年里写出了十几万字的《病隙碎笔》。

每天早上九点多，史铁生摇着轮椅到院子的西面，对着一棵玉兰树静静看书。如果是冬天，就摇到院外墙根下，只有那里有太阳。如果是夏天，常有幼儿园的孩子来院子里绕一圈。不时有邻居过来打个招呼或聊两句。对史铁生来说，这是和透析一样重要的透气时间。

他已经不是那个要拿菜刀劈医生的史铁生了，在送给朋友陈村的书上，他写道："看来，残疾有可能是这个世界的本质。"他说："人所不能者，即是限制，即是残疾。"

史铁生爱看体育比赛，尤其是跑步和足球。他最爱刘易斯，说愿意不惜一切代价，下辈子有个像他一样健美的躯体。直到刘易斯在奥运会上输给约翰逊，史铁生明白了："上帝在所有人的欲望前面设下永恒的距离，公平地给每一个人以局限。如果不能在超越自我局限的无尽路途上去理解幸福，那么史铁生的不能跑与刘易斯不能跑得更快就完全等同，都是沮丧与痛苦的根源。"

朋友们都爱找史铁生聊天。"其实他也没说什么，好像很平常的话，很幽默。比如我去他家，他笑着说你脸上怎么轱辘轱辘的。我回去就会想，我怎么轱辘轱辘了，我天天弄这么忙，犯得上吗？去他家，好像有去教堂或者寺庙的感觉。"何东说。

节日已经来临

最后的练习是沿悬崖行走

梦里我听见，灵魂

像一只飞虻

在窗户那儿嗡嗡作响

在颤动的阳光里，边舞边唱

眺望即是回想

谁说我没有死过

出生以前，太阳已无数次起落

悠久的时光被悠久的虚无

吞并，又以我生日的名义

卷土重来

午后，如果阳光静寂

你是否能听出，往日

已归去哪里

在光的前端或思之极处

时间被忽略的存在中

生死同一

——《最后的练习》

1月4日，史铁生六十岁生日。"与铁生最后的聚会"在北京798时态空间画廊举行。高大的拱顶下，几百人给史铁生过生日。

　　两天前，史铁生的遗体在北京八宝山火化，同样没有哀乐和花圈，朋友们把鲜花撒在史铁生身上。

　　此时，陈希米裹着粉色大披巾，戴上红围巾，彩色的水钻花朵形发夹，把头发高高别起。她微笑着讲，最喜欢朋友聚会的史铁生，这次终于不用因身体支持不住先撤了。"他这次有的是时间和力气，和我们尽兴。"发给朋友的邀请短信上，陈希米要求大家一不带花圈、挽联，二可带漂亮鲜花，三要穿漂亮衣服。

　　张海迪穿着漂亮的玫红大衣和修身靴子来了，带着六十朵红玫瑰扎成的心形花束。铁凝带着一大篮红透的樱桃——去年见面时，史铁生孩子气地举着樱桃说："这个我爱吃。"还有人带来了超大的生日蛋糕，上面用奶油画着大大的"60"和"铁生走好"。

　　屏幕上放起了史铁生自己拍的视频：陈希米在院子里拄着单拐，系着彩色围巾。史铁生说"往上走，一直往上走""绕回来"，像导演一样。陈希米转回头，眼睛笑得弯弯的，拐杖和围巾一起跳起来，像飞一样。

　　史铁生最喜欢的外甥小水走上台。"不用悲伤，他已经说过很多次，这是他的节日。"二十二岁的小水，平静地念起了舅舅的诗——

　　　　呵，节日已经来临

　　　　请费心把我抬稳

　　　　躲开哀悼

　　　　挽联、黑纱和花篮

　　　　最后的路程

　　　　要随心所愿

痕意生活中石
黄雄梦想

呵，节日已经来临

请费心把这囚笼烧净

让我从火中飞入

烟缕、尘埃和无形

最后的归宿

是无果之行

呵，节日已经来临

听远处那热烈的寂静

我已跳出喧嚣

谣言、谜语和幻影

最后的祈祷

是爱的重逢

我的母亲不会老

韦华明　编译

要是我母亲还健在，明天她就该过 75 岁生日了，我会带着礼物和蛋糕去看她。我的孩子们会问："我们要在没有 Wi-Fi 的外祖母家待多久？"我会说："不要问了，用你们的手机流量。"

我十几岁的时候，妈妈经常把我叫到客厅，帮她用 VCD（激光压缩视盘）录电视剧，我凭什么认为她不会接受今天的科技呢？她也许会用我们在圣诞节送给她的平板电脑上网搜食谱，然后分享给我；她也可能是社交网站上那些晒孙子、孙女照片的老奶奶当中的一个。但其实我对 75 岁的母亲一无所知，43 岁之后的她活在我的幻想中。

写这篇文章时，我已经 50 岁了，比去世时的母亲还大 7 岁。我在悄然老去，眼睛周围的细纹越来越多；腰部无意间多了一两圈赘肉，现在我的裤子比母亲当年穿的大了两码；我的头发正在以闪电般的速度变白。

母亲最后一次见我时，我正一把一把地吃着橙色的薄荷糖。现在，我正从一个药盒里取出降压药，一天两次。我盯着镜子里的这些变化，在大多数日子里我觉得有点儿迷茫。我在寻找基因线索来解释我的衰老，依靠的是我对母亲 42 岁的健康身体的记忆，那时罕见的肾上腺癌症并未从我身边夺走她。

我仔细研究了她生前最后一张照片，照片上的她很快乐，那个葡萄柚大小的肿块还没有生根。她看上去是那么时髦和前卫，现在的我看起来像她邋遢的姐姐。她常常涂着口红，而我如今的嘴唇干燥起皮，过去两年一直藏在一次性医用口罩后面。她系着标志性的海军蓝和红色丝巾，而我的脖子上什么也没有，我用在一元店买的纸扇扇了一天，也未能冷却她从未经历过的可怕的潮热。

对于照片中年轻的、充满活力的女人来说，时间已经永远静止，她本该永远比我大。

我羡慕我的朋友们，他们能把自己的疼痛归咎于母亲的遗传——老年斑、腕管综合征……他们能在他们活着的母亲身上看到我永远看不到的东西，而我人生的指南针不见了。我观察母亲生前的朋友，研究他们的特征，想象着母亲此时的样子。

自从过完44岁生日，我就觉得自己与母亲曾经拥有的相似之处荡然无存。每当我洗碗或切菜的时候，我总是幻想看到母亲的手。我怀念听到"你长得像你母亲"这种话的时候，我在变老，而她没有。她就像一艘离港太远的船，渐渐消失在我的生命里，这让我很难过。

但有时她也会回到我身边。那是一个星期二的晚上，她坐在客厅里的沙发上，疲惫的脚搁在茶几上，我听到从她的牙齿间传出葵花子壳裂开的"噼啪"声。她看着电视"咯咯"地笑着，我和妹妹们也一起笑着。我还记得一些让她感到很快乐的事情，比如我下厨准备意大利晚餐以招待她的朋友。

她不去健身房，身材也保持得那么好。我闭上眼睛，就能闻到她在咖啡里搅拌两茶匙糖的味道。我每天早上都看着她用咖啡泡柠檬脆饼。她找到了自己的小乐趣，并沉溺其中。无论她走到哪里，她的微笑和热情都令人感到亲切。这些回忆让我很快乐，陪伴着我度过没有她的日子。母亲没能告诉我如何变老，但我很感激她告诉我如何活得更好。

所以，即使不送生日蛋糕，明天我也会带一束花到她的墓前。我会告诉她我的最新情况，比如我一直在尝试的抗衰老精华，我头皮上像杂草一样长出的灰白发根，并告诉她，她是如何在染发上省下一大笔钱的。每到她生日的时候，我对这个年轻女人苦乐参半的怀念就尤为强烈，只要我活着，她就一直陪伴着我。

不管多少年过去，我的母亲都永远不会老。

平凡的震撼——青藏邮路上的默默奉献与牺牲

姜 波

　　远处，连绵起伏的群山白雪皑皑；眼前，青草吐绿，黄花飘香；身边，一望无际的湖水湛蓝湛蓝；夕阳下，羊群和老牧人的身上都披上一层金辉……10年来，梦境一般的青海湖一直萦绕在我的心头。

　　这还是青海湖吗？杂乱的建筑、粗俗的招商广告、拥挤不堪的帐篷和牛羊群，还有一堆堆修路的人……

　　当然我知道，青海湖绝不仅仅是浪漫。听听共和县黑马河邮电所陈卫嵘的叙说，体会愈深。

　　我今年27岁，来这里已经7年了。我家在西宁，高中毕业后没事干，邮电系统招工，我就来到这几十户人家的小镇。谁知道是这么一个荒凉的地方！刚来时，我整天在马路上走来走去，就想坐个过路车回西宁，还偷偷哭过。当然最后没有走。一是爸爸妈妈不会让我走，我走了，别人还得来工作；二是当时工作也不好找。谁想一待就是7年！

　　这个邮电所就我一个人。全乡三千多人，最远的牧区有70公里。每3天来一个邮班。35份报纸，20份杂志，信件平均每月进口上百件，出口四五十件，包裹从年初到现在，进口只有一件，出口才两件。全乡只有一部电话，由我这里转。在这里工作没有点儿，有时一天都没个人来，有时半夜三更人家敲门打电话，因为靠着青藏线，人家车坏了，不打电话联系怎么办？

现在的气候还不错，冬天可受罪了。大风沙能把屋顶的瓦块掀掉，人瘦一点儿都站不住。1992年我的10个脚趾头都冻烂了。那时没有电，只能点蜡烛，唯一的娱乐活动是找人打扑克；现在多了个电视。比起高原的线路员，我还算好的。他们有的人看见过路汽车，主动给人递烟，为的是人家跟他说上几句话——孤独呀，没有办法。

1993年我认识了一个姑娘，就是我现在的媳妇，她在这里的农行工作；1996年5月我们结婚。可是，就在那年年底，农行的点儿撤了，我媳妇到共和县城工作了，又剩下我一个人。媳妇走时怕我寂寞，抓了条小狗给我做伴。

现在，我孩子放在西宁，离这里217公里，坐车需要7个小时；媳妇在共和县工作，离这里158公里，坐车需要5个小时。按说，我每年可以回家两三次，但今年春节以来我就没有回过家，因为没有人替班。这样的日子不知道什么时候是个头！

我提出过调动的申请，但是没有人来替我之前，我会尽心尽力地工作，因为工作不能耽搁。没有了邮电所，全乡就与世隔绝了。银行走了，工商、税务几天才来一次，但邮电一直坚持着。

至于我媳妇，如果我几年回不去，她不愿意，就离呗。不过，我们是在这里认识的，她对这里的环境是了解的，也会理解的。

8月28日　格尔木　张光明

茫茫戈壁，寸草不生。略呈抛物线状的地平线准备迎接"大漠孤烟直，长河落日圆"的苍凉时刻。然而，黑厚的云层裹住了夕阳，使天昏，使地暗，但在云层和地平线之间留有丈把高的耀眼而灿烂的空间，吸引着人们去憧憬，去渴望，去夸父逐日般地向前……

在格尔木，这个全世界面积最大的市——12万平方公里、常住人口7万的城市，一路陪同我们的、身材粗壮而笑颜永驻的青海省邮电管理局邮政运营处处长张光明向我敞开了心扉。

我在青海工作了32年。说实话，现在让我选择，我不会愿意来青海。但那时没有办法。1967年我21岁，西安邮电学校毕业，就被分配到青海。当时也没有什么想法，让到哪儿去就到哪儿去，大家都不会讲什么条件；而且，一声令下，谁敢不去？再说，我是陕西农家的孩子，家境很穷，在青海起码可以吃饱。

开始时，我在高寒地区黄南州当线路员。夏天还好说，冬天就惨了。穿着皮衣皮裤，骑着自行车，带上一壶水和几个馒头就出去了，整天巡视线路。水一会儿就喝完了，冻得硬邦邦的馒头在河水里泡一泡就吃。路过牧民帐篷时，得赶紧下自行车，否则藏獒会把人咬下车。一手推着自行车，一手用登杆的脚镫子或提前装在兜里的石头驱赶藏獒，这藏獒一追就是几里路，让你提心吊胆。

1979年西安邮电学校复校，我跟当年的校长要求把我调回，但人家只要教授级，我没有回成。1985年我39岁，去北京邮电学院进修了两年。当时青海有22人参加考试，就我一人考上了。从北邮回来后，在县邮局当局长，后来到州局当副局长、局长；1992年调到西宁。我在基层工作了25年。

我爱人是在基层工作时认识的。两个女儿都是学邮电的。大女儿北京邮电学院毕业后，在青海省局工作；二女儿西安邮电学院刚毕业，留在西安工作。说实在的，两个女儿让我省了心，也幸亏爱人是小学教员，要不真应了"老少边穷"地区流行的一句话："献了青春献子孙。"

回头想想，我自己也觉得这些年真不容易。当时很苦，但我有一个信念，苦熬不如苦干：熬，只能虚度年华；干，可能会干出名堂。

我今年 52 岁。尽管二女儿在西安，我大概也不会离开青海了，因为我一生中最好的时光都给了青海。回顾此生，我无怨无悔，觉得自己活得还有价值。我那时从没想过好好干将来当个什么什么长，因为我是农村出身的苦孩子，不敢有什么奢望。

9 月 1 日　拉萨　大堆

在平均海拔 3500 米以上的青藏高原奔驰的两天，是我终生难忘的经历。当从那曲赶到海拔 3700 米左右的拉萨时，仿佛有从高原到平地的感觉，尽管还不能剧烈运动。拉萨的天真蓝，好像离人更近，似乎跳个高就能摘下一片云朵。

在自治区邮政运输局，我看到邮车司机安全行车竞赛表，超过百万公里无事故的只有大堆一个人。哈，大堆！脸色黝黑黝黑，身体粗壮粗壮，有点拘谨，又真诚坦荡。下到车库，大堆看到我，从老远跑过来抓住我的手，因为我们在格尔木就已相识。大堆是大家对他的昵称，他的名字叫达瓦顿珠。

我今年 43 岁，有两个孩子，大的 18 岁，小的 16 岁，爱人没有工作。

我从 1980 年就跑青藏线，是青藏线上年头最长的邮车司机。青藏线苦不苦？那还用说！暴雨、狂风、大雪，桥断、路毁、塌方，都够人受的。

我现在开的是邮电部特批的从日本进口的 8 吨三菱载重卡车，性能好、马力大、故障少，还有空调，真是没说的。从拉萨到格尔木来回 6 天，休 3

天再上路，比以前简直是地下天上。

我最早开嘎斯，来回需要 20 天。那时又是土路，一堵车十天半个月是常事。也许我的运气好，最长被堵过 4 天 4 夜。我们一般都准备些糌粑和水，防止堵车，但时间长了，糌粑和水用光了，要么去老乡家讨点儿吃的，喝河里的水；要么花钱买，有时一个馒头 10 元钱，一桶水也是 10 元钱，真要命。

我们总是住在那曲、沱沱河，海拔 4500 米、4700 米。冬天很冷，早晨起来，车上蒙着一层霜，先用火烤再发动，至少需要一个小时。不少人手都冻坏了，棉衣棉裤棉手套棉鞋也不管用。路面很滑，很危险，稍不留神，就容易出事。走一次青藏路，不遇到几起车祸就是怪事；但我没有出事。说实在的，青藏路是西藏最好的路，是柏油路面，地方支线就更差了，堵上一周两周没准儿。司机们都带着钢丝、铁锹，随时准备自己开路。就是班车断了，邮车也不能中断，这关系到千家万户。就说青藏邮路吧，是西藏跟外界联系的主要通道。

先开嘎斯，后开解放，再开短东风，又开长东风，现在开三菱，一个比一个强。青藏路都让我跑烂了。高原反应？我没事，我身体好。行车事故？认真一些，全神贯注，就没问题。

现在挺好，我很满足。我的身体很好，准备在青藏线上跑下去。我唯一担心的是我儿子，他今年 18 岁，英语挺好，但没有工作。邮电系统好几年不招工了，想去当兵又没有门路。怎么办呢？

9 月 3 日　亚东　亚林

多年罕见的大暴雨，造成了多处山体滑坡和塌方。冲急流险滩，绕断桥泥塘，从拉萨直奔亚东。经过 12 个小时的艰苦跋涉，暮色时分，突然从海拔

4000 米的漫漫戈壁下降到林木繁密、云雾缭绕的峡谷。

清晨，从海拔 2800 米的下司马镇乘车沿山路向上盘旋、再盘旋，中午时分，我气喘吁吁地登上了海拔 4500 米的乃堆拉山口的国际邮政亭。不巧的是，亚东县邮电局投递员亚林已经交换完邮件了。

亚林，30 岁的藏族小伙子，在这条 35 公里的邮路上已经奔波了 9 年了。

我的任务是每周交换两次国际邮件，同时为驻扎这里的边防军人传递信件，每次上下山都需要两天；并且，每周往下亚东跑一次，因为原来的乡邮员走了，我主动尽义务。

别看只有 35 公里，但路不好走，海拔一下子升高了近两千米，夏天单程需要 3 个小时，冬天就需要 6 个小时。因为是上午 11 点两国交换信件，我都是提前一天上山，住在道班的房子里，十点半一定赶到。9 年来，我没有误过一次。有时对方来晚了，我等一两个小时，等到两点再不来，我就不等了。其实，交换的信件并不多，有时甚至是空袋子，但那也得准时到，咱代表的是国家，对方迟到，我不能迟到。

天好路好时我骑摩托，天坏路差时就骑马。冬天大雪封山 5 个月，有段路就是马也上不去，我就自己背上邮包走，快到山顶的这段，冬天是在雪中连滚带爬，夏天突然下雨，只好用衣服包邮包，自己淋湿了，也不能让邮件受损。上山干干净净，下山一身泥土。

守卫边卡的军人们是真辛苦，一年到头不能下山，除了电话，我就是他们对外联系的纽带。我上山沿途给他们分信收信，也帮他们从亚东带些需要的日用品，他们吃不上菜，我有时把自己家种的菜带点儿给他们。可以说我成了战士们最欢迎的人，他们说我是鸿雁。他们什么都跟我说，甚至有了烦心事，也向我倾诉，有人封我为"副指导员"。有一次，我的马跑丢了，战士们一听就急了，帮我在树林里找了好几天，看到他们被雨淋得像落汤鸡，衣服也被树枝挂破了，我真是非常感动。我们是兄弟、是朋友、是亲戚。

我今年 30 岁了。除了去年去拉萨参加自治区十大杰出青年表彰会外，我还没有离开过亚东的地界。因为我的工作很重要，绝不能耽误。

问我有什么烦心事？没有。问我有什么困难？没有。真的没有。

在青藏邮路的一次采访中，一位邮电局长说："看内地劳动模范的事迹，如何加班加点，如何带病工作，如何顾不上家庭。如果按这个标准，我们的邮递员个个都是劳模，而且是特级劳模。"

一个人的"春运"

刘子倩

历时 13 天，行程 3700 多公里，搭了 25 辆顺风车，从南京到乌鲁木齐，没花一分车票钱。当同学们还为一张回家车票发愁时，南京师范大学的大四学生胡蓓蕾以免费搭车的方式完成了一次刺激而温馨的"春运"之旅。

胡蓓蕾是个身高一米八的帅小伙，短发、瘦脸、小眼，戴着一副黑框眼镜，他见人就笑，两眼自然地眯成了一条缝。

一路向西

一切均源于《搭车去柏林》这部纪录片。片中主人公从北京出发，只依靠陌生人的帮助，搭车 88 次，最终抵达柏林。胡蓓蕾看后难掩兴奋，其中一句话刻在他的心里：有些事现在不做，一辈子也不会去做了。

2010 年 12 月 25 日，胡蓓蕾出发了。

从南师大出发，坐公交车到 312 国道，他计划当天至少要到合肥。沿着国道，他边走边拦车，走了半个多小时，进了路边一座加油站。他把搭车回乌鲁木齐的想法告诉大车司机，司机们都觉得不可思议，没人愿意拉他。一个司机甚至劝他，用学生证买张半价票，用不着这么辛苦。

同龄人都不能理解的事，更无法向陌生的司机解释。胡蓓蕾背着红黑相间的登山包继续西行。

他还在不停地招手，似乎没有人感觉到他的存在。难道在中国搭车就这么难吗？

这时，他看到前面停着一辆正在检修的卡车。他凑了过去，对正修车的师傅说明来意。师傅将信将疑地让他坐进了驾驶室。师傅后来解释说，当时看他满头大汗，学生模样，不像坏人。一路上司机似乎也没有把他当外人，一直跟他吐苦水：儿子不好好学习，没有出息。胡蓓蕾无法分担这些苦恼，他只剩下开心：终于有人肯搭我了。

胡蓓蕾发现，在服务区搭车的成功率远大于加油站。

在合肥文集服务区，他相中了一辆奥迪车。展开招牌式的微笑，胡蓓蕾上前搭讪。没想到，车主犹疑了一下，查看了他的学生证后，居然让他上了车。

这成了胡蓓蕾13天旅行中最为愉快的记忆。奥迪车主告诉胡蓓蕾，他曾在服务区被人骗过，因此会有戒心。

寂寞的旅途，狭小的空间，很容易让人放下戒心，寻求温暖的交流。事业有成的车主跟胡蓓蕾谈起了心事，虽然事业成功，但他仍然觉得缺少朋友。车主把自己从小到大的经历抖搂一空，甚至向胡蓓蕾传授如何成为成功人士，开上奥迪，住上豪宅。

当听说胡蓓蕾是学电气工程专业并即将毕业时，车主马上打电话给做电气工程的朋友，为他推荐工作。因聊得投入，他们还走错了方向，多开了一百多公里的冤枉路。可车主并不觉得冤枉，他在电话中兴奋地告诉妻子："今天我交了一个朋友。"分手时，他给胡蓓蕾留了一张名片和一句话：男人就要用事业武装自己。

这位名叫孙宏刚的车主后来回忆说，和胡蓓蕾在车上共同度过的五个小时使他感触颇多。"我觉得这孩子很有闯劲儿，现在这种有想法、有行动的大学生太少见了"。

温暖的旅程

本来只是一次冲动而简单的冒险，却无意中成了胡蓓蕾了解和感受社会的机会。

在信阳服务区，他搭上了一辆重型卡车。两位司机轮换开，他很快与司机熟络起来。司机们也毫无戒备地向他倾诉。

感同身受后，胡蓓蕾非常理解卡车司机的辛苦。他形容坐卡车"全身都不舒服""浑身痛苦"。

卡车司机可能是世界上最辛苦的职业之一，不过司机们大多阅历丰富，待人坦诚。一名张姓司机向胡蓓蕾讲起第一次让陌生人搭车的经历。若干年前，他和两个同事到新疆拉哈密瓜，卖家托他捎带上一个二十岁的小伙子。加上这个小伙子就要超员，但碍于情面司机还是答应了。车开出新疆不久，就被交警罚了 1500 元。如果这样下去，便是开一路，被罚一路，而他们的目的地是几千里之外的广州。

不得已，张司机给了小伙子 100 元钱，把这个搭车客送上了长途车才继续上路。卖家得知后，把罚款打到司机的银行卡上，并承诺以后不再收他运瓜的信息中介费。"运一次要 600 块呢！"

"人和人之间要有信任。"张司机说。这次特殊的经历让他对搭车人没有戒备心理，他会"见人招手就停"。

并不是每个司机都有奇特的经历。不过，大概是驾驶生活很枯燥，大车司机个个都有倾诉的渴望，吝啬的老板和太低的工资是他们永恒的话题。

司机们不太愿意与胡蓓蕾合影。胡蓓蕾说，即便问姓名，司机们也不愿透露，"他们都觉得这是不值一提的小事"。

一位司机告诉胡蓓蕾，他们不是不想带人，主要是担心自己的安全，还怕发生意外要负担责任。

这似乎也是在中国搭车难的原因。除此之外，搭车有时还被认为是非法运营。

搭车时，胡蓓蕾有时也能帮上忙。在西安时，他拦住了一辆面包车。听了他的解释，车主并不想带他，但也并未立刻开走。胡蓓蕾发现车里的七个人似乎为他展开了激烈的讨论。最终，这辆坐满维吾尔族老乡的中巴车还是接纳了他。上车后他才发现，乘客中只有一个人会讲蹩脚的汉语，维吾尔族司机似乎也看不懂汉语路牌，他就顺理成章地当起了向导。

他不会维语，无法问车里的人究竟怎样达成让他搭车的决定。因为语言不通，很长一段时间车内陷于"冷场"。还是维吾尔族老乡打破了僵局，邀请胡蓓蕾一起玩扑克牌，还与他分享家乡的馕和苹果。

2010年12月30日，"转"了八次车后，胡蓓蕾到达兰州。行者的落寞，对于一名二十三岁的年轻人或许有点残酷。在兰州的一个小招待所里，他买了花生和啤酒，独自庆祝。"这是路上第一次感觉到孤单。"

13天中，胡蓓蕾很少住宾馆，大多在高速公路服务区的大厅里拼凳而眠，还睡过一次帐篷。饿了就吃些随身带的压缩饼干，泡方便面，出发前再把水壶灌满。

简陋的跨年夜之后，他迎来一路上心情最差的一天。在高速公路收费站，他手拿地图不停地挥手，三个多小时都没拦到一辆车，以至于每有车辆缴费时，工作人员都会热心地帮他问一句。

出发前，他预想在西部搭车会比东部容易，因为民风质朴，人们更愿意以提供帮助获得满足。事实正好相反。胡蓓蕾发现，发达地区的人虽多疑，但还能理解他的行为。西部人就觉得难以理喻，大多张口就要报酬。

在拦车的三个多小时里，胡蓓蕾说得最多的一句话是："我是学生，没有钱。"

不过感动都发生在最后。在世界风库瓜州，这个身高一米八仅六十多公斤重的男孩站在风中飘摇。一位司机滑行一百多米后将车停下，摆手让他上车。胡蓓蕾后来回忆说，那一声刺耳的刹车声是他听到的最美妙的声响。在去哈密的路上，搭车司机怕他没钱，还要给他 100 块钱当路费。最后一辆搭他的车，司机听了胡蓓蕾的讲述后说："上了我的车，就算到家了！"

父母知道儿子的"壮举"后怒不可遏。他们都是生意人，不太愿意将自己的命运交付陌生人。弟弟则给了他一个"中肯"的评价："哥，你越来越'二'了。"

漫长的旅途后，胡蓓蕾归纳出四点搭车心得：脸皮足够厚；心理承受能力强，不怕被拒绝；会陪司机聊天；带几张明信片送给司机。

有人认为，胡蓓蕾此行或许可以成为一次检测中国人信任感的行为艺术。他本人并不赞同。"不是每件事都非要有意义。"他说，他从一开始就相信，"一定会有人愿意搭我的，只是时间长短的问题。"

他在博客中写道：25 辆车子，无数的好心人，是你们让我相信在自己的天空可以飞得更高更远。如果真心想做一件事，全世界都会来帮你。不要让你的想法永远只是个想法。

胡蓓蕾有一本中国地图册，每去一个地方，他都会事先撕下来，带在身上。如今，他有一个梦想，在二十六岁之前，把这本地图册撕完。

在一个时代里缓慢行走

朱德庸

我们周围所有的东西都在增值，只有我们的人生在悄悄贬值。世界一直往前奔跑，而我们大家紧追其后。可不可以停下来喘口气，选择"自己"，而不是选择"大家"？

我喜欢走路。

我的工作室在十二楼，刚好面对台北很漂亮的那条敦化南路，笔直宽阔的林荫道绵延了几公里。人车寂静的平常夜晚或周六周日，我常常和妻子沿着林荫道慢慢散步到路的尽头，再坐下来喝杯咖啡，谈谈世界上又发生了哪些特别的事。

这样的散步习惯有十几年了，陪伴我们一年四季不断走着的是一直在长大的儿子，还有那些树。

一开始是整段路的台湾栾树，春夏树顶开着苔绿小花，初秋树梢转成赭红，等冬末就会突然落叶满地，只剩无数黑色枝丫指向天空；接下来是高大美丽的樟树群，整年浓绿；再经过几排叶片棕黄、像挂满一串串闪烁的心的菩提树，后面就是紧挨着几幢玻璃幕墙大楼的垂须榕树了。

这么多年了，亚热带的阳光总是透过我们熟悉的这些树的叶片轻轻洒在我们身上，我也总是诧异地看到，这几个不同的树种在同样一种气候下，会展现出截然相反的季节面貌：有些树反复开花、结子、抽芽、凋萎，有些树春夏秋冬常绿不改。不同的植物生长在同一种气候里，都会顺着天性有这么多自然发展，那么，不同的人生长在同一个时代里，不是更应该顺着个性有更多自我面貌吗？

我看到的这个世界却不是如此。

我们这个时代的人，情绪变得很多，感觉变得很少；心思很复杂，行为却变得很单一；脑的容量变得越来越大，使用区域变得越来越小。更严重的是，我们这个世界所有的城市面貌变得越来越相似，所有人的生活方式也变得越来越雷同了。

就像不同的植物为了适应同一种气候，强迫自己长成同一个样子那么荒谬，我们为了适应同一种时代氛围，强迫自己失去了自己。

如果大家都有问题，问题出在哪里呢？

我想从我自己说起。

小时候我觉得，每个人都没问题，只有我有问题。长大后我发现，其实每个人都有问题。当然，我的问题依然存在，只是随着年龄增加又有了新的问题。小时候的自闭给了我不愉快的童年，在团体中我总是那个被排挤孤立的人；长大后，自闭反而让我和别人保持距离，成为一个漫画家和人性的旁观者，能更清楚地看到别人的问题和自己的问题。"问题"那么多，似乎有点儿令人沮丧。但我必须承认，我就是在小时候和长大后的问题中度过目前为止的人生。而且世界就是如此，每个人都会在各种问题中度过他的一生，直到离开这个世界，才真正没问题。

小时候的问题，往往随着你的天赋而来。然而，上天对你关了一扇门，一定会为你开一扇窗，我认为这正是自然界长久以来的生存法则。就像《侏罗纪公园》里的一句经典台词："生命会找到他自己的出路。"童年的自闭让我只能待在图像世界里，用画笔和外界单向沟通，却也让我能坚持走出一条自己的路。

长大后的问题，才真正严重，因为那是后天造成的，它原本就不是你的一部分，上天不会为你开启任何一扇窗或一扇门。而我觉得，现代人最需要学会处理的，就是长大后的各种心理和情绪问题。

我们碰上的，刚好是一个物质最丰硕而精神最贫瘠的时代。每个人长大以后，肩膀上都背负着庞大的未来，都在为一种不可预见的"幸福"拼搏着。但所谓的幸福，却早已被商业稀释而单一化了。市场的不断扩张、商品的不停生产，其实都是违反人性的原有节奏和简单需求的，它激发的不是我们更美好的未来，而是更贪婪的欲望。长期违反人性，大家就会生病。当我们"进步"太快的时候，只是让少数人得到财富，让多数人得到心理疾病罢了。

是的，这是一个只有人教导我们如何成功，却没有人教导我们如何保有自我的世界。我们这个时代，跟大家开了一个巨大的心灵玩笑：我们周围所有的东西都在增值，只有我们的人生在悄悄贬值。世界一直往前奔跑，而我们大家紧追其后。可不可以停下来喘口气，选择"自己"，而不是选择"大家"？也许这样才能不再为了追求速度，而丧失了我们的生活，还有生长的本质。

2009 年底，我得了一个"新世纪 10 年阅读最受读者关注十大作家"的奖项，请友人代领时念了一段得奖感言："这是一个每个人都在跑的时代，但是我坚持用自己的步调慢慢走，因为我觉得大家其实都太快了——就是因为我还在慢慢走，所以今天来不及到这里领奖。"这本《大家都有病》从 2000 年开始慢慢构思，到 2005 年开始慢慢动笔，前后经过了十年。这十年里，我看到亚洲国家的人们，先被贫穷毁坏一次，然后再被富裕毁坏一次。我把这本书献给我的读者，并且邀请你和我一起，用你自己的方式，在这个时代里慢慢向前走。

感动世界的英雄妈妈

段奇清

不久前，联合国儿童基金会给一位老人写了一封信，称她为"英雄妈妈"。在 2010 年的"CNN（美国有线电视新闻网）年度英雄榜"中，她高居榜首。其实，早在 1994 年，联合国儿童基金会就被她感动，为她提供过一定的资金支持。这位英雄妈妈就是尼泊尔的阿努雷哈·柯伊蕾拉。

说她是英雄，因为她并非警察，却经常与警察突击搜查妓院，或在尼泊尔、印度边境线上巡逻。她的办公室曾两次被一些亡命之徒彻底摧毁，她的双手更是在与歹徒搏斗时变得伤痕累累。然而，她似乎没有丝毫畏惧。

柯伊蕾拉曾是尼泊尔一所小学的英语教师。当年，作为一名虔诚的印度教教徒，她常常到加德满都市中心以东 5 公里的苏帕提拉特神庙祷告。有一件事给了她极大的震撼：一天，经常在神庙门口乞讨的 4 个小女孩突然失踪了，一个多月后，她们又重新出现在了神庙前。她好奇地上前询问这些女孩才知道，她们来自尼泊尔乡村，几年前被人贩子骗到印度孟买，卖进了妓院。饱受摧残后，满身病痛的她们被赶回尼泊尔，她们身无分文，只好以乞讨为生。尤其让人痛心的是，一个月前，她们终于凑齐了回家的路费，本以为从此能与家人团聚，可家人认为病恹恹的她们是家中的累赘，将她们赶了出来……

154

　　女孩们的悲惨遭遇深深刺痛了柯伊蕾拉的心。她再也坐不住了，她要拯救这些女孩，给她们新生。1993 年，她从每月 100 美元的薪水中拿出一部分，租下两间房子，开了一家小杂货店，雇那几个女孩为店员。

　　她从几个女孩口中了解到，在尼泊尔，和她们有着同样命运的人不下 30 万。她们被骗到印度时，最小的才 7 岁，大的也只有 14 岁。到印度后，她们的证件一律被抢走，为偿还永远也还不完的"买入费"，她们每天都要被迫接客好几次，过着暗无天日的生活。还有很多花季少女，因为被毒打或感染上艾滋病甚至被活埋，悲惨地结束了短暂的一生。女孩们惨不忍闻的遭遇，让柯伊蕾拉夜不能寐。她决心与摧残性的罪恶行径进行殊死斗争，要与人性最丑陋的一面来一场决战。

　　1993 年 11 月，她离开自己执教了 20 多年的学校，变卖了所有家产，在加德满都郊区租下了 3 间小屋，办起了一个名为"尼泊尔母亲之家"的公益组织。她一面与警察一起解救那些被迫害的雏妓，将她们安置在那几间小屋子里；一面到处呼吁，让全世界都来关心这些受害女孩。1994 年，联合国儿童基金会派人到她那儿作了考察，他们被柯伊蕾拉的行为深深感动，并为"尼泊尔母亲之家"专门拨了一笔资金。尼泊尔各界也开始有钱出钱，有力出力。1998 年，英国王储查尔斯王子应她的呼吁，卖掉了自己收藏的一些山水画，并将所得的 686 万卢比捐献出来。

　　有了社会的支持，她的热情更高了。她自己没生过孩子，对于来到"尼泊尔母亲之家"的女孩总是视若己出。她说，她们就是我的女儿。

　　"女儿们"刚来时，有病的先看病，身体恢复后，她便让舞蹈老师教她们跳舞，还带她们去看心理医生，为的是让她们慢慢卸下心理包袱。接着，她还协助女孩们向法院提起诉讼，让她们得到法律救助。对于那些自愿留下来工作的女孩，她便将她们送进培训班，或学习舞蹈，或让她们懂得一些心理学知识，使她们在帮助新来的受害女孩时能够得心应手。对于那些有一定能力、想自主创业的女孩，她就为她们提供小额贷款。那些身患重病、即将离开人世的女孩，则会在她创办的临终关怀医院里有尊严地离开人世。为了有效预防类似的悲剧发生，她还在乡村建立了一个个"预防家园"，以发传单、唱歌、演街头剧等形式，揭露人贩子的罪恶，让人们加以防范。在尼泊尔和印度边境的9个口岸，她还建立了"过境家园"，为那些逃出火坑、打算回家的女孩提供帮助……她现在已在尼泊尔的29个地区建立了分支机构，拥有了210名工作人员，包括学生、记者、律师、医生、护士和警察。

柯伊蕾拉的行为感动了许许多多的人，先后让一个又一个慈善家或机构慷慨解囊。2002年1月，德国一名慈善家捐助170万美元，在加德满都城郊兴建了一个占地4900平方米的"尼泊尔母亲之家保护与康复中心"。近两年，中国相关部门和人员也为其提供了帮助，美国政府也向她捐款50万美元……

1993年至今，柯伊蕾拉共解救出了12000多名受害的女孩。每逢节假日，就会有许多女子回到她的身边，亲昵地喊她"妈妈"，与她温馨地唠家常。唠着，唠着，她会情不自禁地说："我真希望这个世界早日实现和平、安宁，让这个'尼泊尔母亲之家'早点关闭！"女儿们说："要是这样，尼泊尔的女性就有福了。"

不要说一个人的力量渺小，只要你身怀一颗慈悲之心，并且努力去行动，你就会感化天下的人，就会是一个令人仰慕的英雄。

前途无量

李家同

这已是四十年前的事了。

我那时是高二的学生，有一天我们班骑脚踏车郊游，黄昏的时候来到了龙潭的斋明寺，这个庙在大汉溪旁边的高山上。在庙前的大草地上，我们坐着看风景、聊天。

当时，我们都很口渴，可是那个时代，中学生是买不起饮料喝的。因为庙里经常供应茶水，我们就公推一位同学去庙里讨水喝。这位同学明明是天主教徒，只见他恭恭敬敬地向那位在庙前散步的老和尚走去，假装是佛教徒，一面口宣佛号，一面双手合十。这招果真有效，老和尚将我们大伙儿全部请进庙里，不但给我们茶水喝，还拿出一些糕饼给我们吃，我们还进他的书房参观。他的书房全是线装书，老和尚当场挥毫，写字给我们看。在此荒野，碰到一位和蔼可亲而又有学问的老和尚，我们都觉得不虚此行。就在我们向老和尚道谢并且说"再见"的时候，老和尚突然说："你们等一下，我要替你们看相。"同学们纷纷转过身来，让老和尚在我们的脸上扫描，最后他指指一位同学，做个手势，叫他站到前面来。

这位同学名字的最后一个字是"丁"，我们叫他"阿丁"。阿丁被老和尚指了以后，乖乖地出列。老和尚拍拍他的肩膀说："你前途无量。"阿丁吓了一跳，喃喃地说："师父，你一定弄错了。"可是老和尚十分坚持，他坚定地说："你最有前途。"说完以后，就让我们走了。

在回家的路上，大家都不愿讨论老和尚的预言，理由很简单：阿丁的功课和运动都不错，可是他家境很不好，我们全班就只有他要去念师专特教科，其余同学都要考大学。

阿丁说他念高中已是家里很大的负担，大学是不可能念的了。念师专是公费，毕业以后，可以立刻到小学去教书，所以他决定去念师专。其实我们班公认最有前途的同学是阿川，阿川一表人才，有领袖气质，人缘好，有组织能力，虽然功课普通，可是体力惊人，身高180厘米，校篮球队队员。我们怎么也想不通为什么老和尚不选他，而选了阿丁。还是阿丁自己打破沉默，他说："我想老和尚一定老糊涂了，阿川才最有前途，我将来就是个小学老师，怎么说我最有前途？"

四十年过去了，我们这一班的大多数同学都有很好的职业，有的是工程师，有的是商人，我做了大学教授，可是真正事业非常成功的只有阿川和阿强，阿川做到了部长，阿强是一家建筑公司的董事长。我为了办同学会，常需要打电话给老朋友，大家都容易找到，唯独阿川和阿强不好找。阿川的秘书永远告诉我他在开会，或在和人谈公事。

阿强也好不到哪里去。他虽然不要去立法院，可是要去看工程，也要一天到晚和人家应酬。

后来，阿川离开了原单位，他仍然有工作可做，可是影响力都没有了，我每次打电话去，立刻可以和他聊天，有时候，他还会主动打电话来约我去吃小馆子。一年前，这是绝对不可能的事。

阿强呢？他的建筑公司不停地推出新的大楼，可是绝大多数都卖不掉，尽管他一再降价，仍然不行，他是被套牢了。有人告诉我，他已经好几次差一点跳楼。

阿丁呢？他早已从小学退休了。他一直在龙潭附近教书，退休以后也住在那里。

高中毕业四十年，我们决定聚一次，讲明不带老婆，我们要好好回忆一下四十年前的好日子。阿丁邀我们到他那里去，因为只有他住乡下。这次同学会，几乎所有在台湾的同学都到了，大家聊得很痛快，令我感到诧异的是，大家关心的不是彼此之间的不同，升官发财已不是大家讨论的话题，话题好像经常在病痛上打转：某某同学腰痛，某某同学背痛，某某同学告诉大家有心脏开刀的经历，某某同学更伟大，他已换了肾，讲得大家胆战心惊。最让大家怀念的是四十年前，我们每天中午打篮球，要是现在中午大太阳下叫我们去打球，一定会倒地而亡。

到了下午，阿丁告诉我们，退休以后，他一直在一家孤儿院做义工，而且每天工作八小时。他邀请我们去参观，我们这时才发现他是一位大忙人。短短的一小时，阿丁得耐心地倾听一个小女孩的告状，她说一个小男孩欺侮她，虽然一把鼻涕一把眼泪，但一转眼，两个小鬼又玩在一块。另一个小男孩摔了一跤，跌破膝盖，阿丁替他涂红药水。这一小时内他接了三个电话，一个是替对方的孩子找工作，一个是安排将一个住院的孩子从医院接回来，还有替一个孩子申请救助手册。

阿丁的工作令我们羡慕不已，阿川被一群小孩逮到讲一本书上的故事，他常想将细节含混带过，没有想到一个小孩好几次纠正他，显然这小孩已经将这个故事背得滚瓜烂熟。我们的亿万富翁阿强到厨房去视察，却没有出来，原来他被留下来剥豆子，一副自得其乐的样子。

有人提议，在我们回家以前，再去一次斋明寺。四十年前，这里全是农舍，现在已经面目全非，热闹得很。幸运的是，斋明寺未受影响，它依然静静地俯视着大汉溪。又是黄昏的时候，一个又红又大的太阳正在对面的山头落下去。故地重游，大家都已白发苍苍，免不了有一些伤感，当年打打闹闹的情景不复存在，取而代之的是沉默。还是阿川痛快，他说："我最怕看夕阳，每次看到夕阳，我就想到'夕阳无限好，只是近黄昏'。"大家当然很同情他卸任后的失落感，可是要卸任的不止他一人，我们都快到退休的时候了。

我相信，大家一定都在想当年老和尚对阿丁说的那句话："你最有前途！"我仍然没有想通他的意思。就在我们大家发呆的时候，一位学数学的同学回过头来，对阿丁说："我终于了解老和尚的意思了，我们这些人终日忙忙碌碌，都是为了自己。既然为自己，就会想到成就，而这样的成就，就算再大，也总有限，即使我们中间有人做了总统，他也会有下台的一天。而你呢？你现在专门替那些小孩子服务，我相信你每天都有成就感，而这种成就，无可限量，可以永远持续下去。不会像阿强那样，每天要担心不景气的问题，一旦不景气，他就根本谈不上有什么成就，难怪老和尚说你前途无量，他算的命真准。"阿丁没有答话，我们每一个人似乎都同意这一番话。

在回程的路上，我向坐在旁边的同学说："为什么当年老和尚不将他的想法讲明白一点？害我们到四十年后才懂。"我的同学说："四十年前，即使老和尚真的讲清楚了，像你这种没有慧根的人，能听得懂吗？"其实听不懂的，不只我一人，我们当年都是小孩子，怎么能听得懂这种有哲理的话？难怪老和尚没有讲明白。可是我有一种感觉，他一定知道，四十年以后，我们会回来的。那时候，我们就可以懂他的话了。

伍

不忘初心，
方得始终

母亲的谎言

吴 炎

　　2010 年 10 月 12 日，东北师范大学新生王斌收到一笔 1 万元的汇款，这对于家境并不富裕的他来说，无疑是雪中送炭。可是，当他看到汇款人一栏什么也没写时，他迷茫了。他迅速给妈妈罗新打了一个电话。放下电话，王斌泪流满面……

母亲撒下爱的谎言

　　王斌永远不会忘记 2005 年 1 月 16 日那个冬夜。那天晚上，雪下得很大，父亲王承相去小叔家给奶奶送赡养费。出门前父亲答应他，第二天带他去劳动公园打雪仗。不料到了夜里 11 点，母亲罗新接到了警察的电话，电话里说："王承相正在大连医学院附属第二医院抢救，请你们赶紧过来。"

　　母子俩赶到医院，迎来的却是王承相不治身亡的噩耗。泪眼模糊的母子俩从警察处得知，当晚 9 点，王承相从弟弟家出来，路过友好广场时，看到两个男子在抢一个女孩的包。女孩奋力反抗，大喊救命。两个歹徒拿出匕首，朝女孩刺去。王承相没有多想便冲了上去，没想到恼羞成怒的歹徒猛地一刀朝王承相的胸口刺去。路人赶忙报警，并打了急救电话，但王承相被送到医院后再也没有醒过来。

一时间，当地媒体纷纷对此事进行了报道。然而，喧闹的舆论背后是当事人永远无法平息的痛与生存的窘迫。被救女孩的父母早年失业，一家人靠女孩在一家书店做接待的工资维持生计，实在拿不出多少钱来。

王承相生前是名小学老师，罗新在社区做宣传员，年迈多病的老母亲和弟弟一家同住，每个月王承相给老人 500 元生活费。等待罗新的是很现实的问题：以自己每个月 2000 元不到的工资，如何抚养孩子、赡养老人？

一个周末，罗新带着王斌去看望婆婆。临走时，王斌的小叔送他们下楼，说出了心中的想法："嫂子，我哥不能就这么白白送了命，他们家不能一点表示也没有。要知道，咱妈的药费……"

罗新及时打断了他。她不希望儿子听到小叔后面的话，对父亲救人的价值产生怀疑。"王觉，我去找他们吧。"罗新答应道。

回家的路上，13 岁的王斌对妈妈说："妈妈，爸爸这样做值得吗？"

儿子的问题让罗新心如刀绞，但她不能让孩子觉得父亲的死毫无意义，于是说道："儿子，以妈妈对爸爸的了解，他是一个敢担当的男子汉，做人的良心不允许他袖手旁观，否则他会一辈子不安。"

2006 年 6 月，罗新去了被救女孩的家。她想了解女孩后来的生活状况，也希望能拿到一点钱。

那天是星期天，女孩在做家务，她父亲在看电视，母亲在邻居家打麻将。对于罗新的到来，他们既惊讶又惊慌。女孩的眼泪唰地流了出来，说："阿姨，一直想去看看您，可是……"罗新心里很酸。女孩的父亲把妻子叫了回来，两人手足无措地对罗新说："我们这个年纪找活儿也不容易，但你放心，等我们有了钱，一定报答你们的大恩大德。"

罗新努力稳定自己的情绪，说："她还是个孩子，不能把家庭的重担全压在她的身上。你们也不算太老，只要肯找，工作总还是找得到的。我老公若地下有知，也希望你们过得好。否则，他……太可惜了。"

罗新说完这些话后，几乎是逃一样地离开了那家人——她害怕自己会情绪失控。走在街上，罗新泪如雨下。丈夫去世时她也不曾如此哭过，但这一刻，她是那么思念他。擦干眼泪，罗新想到的是怎样跟婆婆、小叔子和儿子交代。她不想让他们知道丈夫用生命换来的是这样一个结果，更不想让孩子产生"见义勇为不值得"的想法。

罗新带着儿子去了婆婆家，对他们说："我去那个女孩家了，一家三口人，就女孩一个人挣钱。他们手头只有 1 万元钱，开了个早餐店赚钱。他们答应今后给咱们家 6 万元钱，说不会让承相的血白流。妈，等他们给了钱，3 万给您，3 万留着给斌斌上大学，行吗？"不管怎么样，对方总算有了个说法，这让婆婆和小叔子觉得感情上还能够接受。

回到家，吃晚饭时，罗新跟儿子说："自从出了那件事，那个女孩原本不上进的父母变得很勤奋，跟人家借了钱，开了个早餐店，早出晚归地挣钱。他们觉得自己欠咱家的。斌斌，这也算是一件好事，对不对？"

王斌点点头，眼眶红了，说："妈，我好想爸爸。"儿子的一句话，让罗新再也无法克制住自己，娘俩抱在一起，哭了很久。最后罗新对儿子说："斌斌，咱们以后得精打细算过日子，爸爸用生命换来的钱咱们不能花。他当初那么做，也不是为了钱，对不对？"儿子含泪点头。

那一夜，罗新失眠了。她知道，为了安慰婆婆和儿子的心，那 6 万块钱她得赚出来。

母亲为家人撑起一片天

决定用自己的双手抚慰家人的内心后，罗新变得很忙碌。她白天上完班，晚上就用缝纫机做鞋垫，有空就去街上摆摊卖鞋垫。

一天，罗新下班后拖着劳累的身体回到家，放学回来的王斌已经做好饭菜在等妈妈。看到妈妈，王斌高兴地说："妈，今天同学拿了好多穿破穿旧了的牛仔裤给我。"罗新瞪大了眼睛："他们怎么知道的？""我说的呗。我在班里人缘好，同学们都乐意帮我。"罗新阴郁的心情一下子晴朗了起来，有如此懂事的儿子，再大的困难自己都得挺过去。

后来，在儿子的启发下，罗新除了做鞋垫，又开始帮人加工十字绣。王斌把母亲的辛劳看在眼里，学习从不用母亲操心。每逢周末，除了去婆婆家待半天，罗新总是带儿子逛逛博物馆、到郊外散散心。不管怎样，她希望把家庭生活维持在丈夫在世时的水平——日子可以过得紧一点，可是不能让儿子少了见识。

2009年11月，罗新终于凑够了3万元钱。当她把这笔钱交到婆婆手上时，老人家悲从中来，眼泪直流。

想着家里已经有了3万元，王斌就劝妈妈不要再做手工了。罗新对王斌说："既然能赚钱，干吗让自己闲着。再说，不到万不得已，妈不想用那3万元。那是爸爸留给你的财富，妈妈没权处置它。"

最好的回馈

2010年夏天，王斌考入东北师范大学。但孩子第一年的学费和生活费怎么办？罗新苦苦想了一夜，终于找到办法：等儿子离家后，就把位于中山区的两居室租出去，自己租一间民房住着，这样每个月就能挤出一笔钱来。

9月1日，送走儿子之后，罗新很快把自家的房子租了出去，然后在鞍山路附近租了一间无暖气、无煤气的平房，这样每个月就有1100元的额外收入了。罗新跟家人解释说："儿子不在家，我一个人住那么大的房子既孤单又浪费。居家过日子，这就叫理财。"

就这样，罗新用自己的坚强隐忍守住了一个秘密，也凭自己的力量将儿子抚养成人。

10月12日，王斌在学校收到一笔1万元的汇款，当看到汇款人一栏空白时，他不敢贸然取出这笔钱，便迅速给母亲罗新打了一个电话。罗新知道，这一定是那个女孩给王斌寄的，这说明那一家人还是知恩图报的，但也真的是能力有限。可罗新看重的是这1万元背后凝结的感恩之心。所以，罗新这样对儿子说："斌斌，是你爸爸救的那个女孩家寄来的，他们家比咱们家过得更不容易。为了这1万元钱，他们一家三口肯定是吃不好、穿不暖。所以，儿子，这是良心钱，无价的。"

王斌满心疑惑地问道："他们之前不是已经给过咱们钱了吗？为什么还要寄钱给我？"罗新一时语塞，只好支吾以对。

电话的另一端，得知真相的王斌为自己的粗心、为母亲的苦难痛哭失声。第二天，他请了假，坐最早的一班火车回到了大连。他从来没有如此强烈地想念妈妈。

下午，母子二人在火车站相见，儿子紧紧地抱着母亲。那天，儿子为妈妈做了顿丰盛的晚餐，帮妈妈洗脚、梳头、揉背、捶肩。他觉得无论做什么，都无法弥补妈妈这些年来所受的苦，都无法表达自己对妈妈的爱。

王斌拥着妈妈说："妈妈，把这1万元还给他们家吧。爸爸救她，不是为了钱，是希望他们过得好。有了这1万元钱，他们会过得更好一些。放心吧，从今天起，这个家，我来撑。"

罗新幸福地笑了。她知道，丈夫的美德在儿子的身上得到了延续。这是一个母亲最深最美的愿望，所以一切的苦与难，都值得。

我始终相信努力奋斗的意义

卢思浩

一

在从北京回家的动车上，偶然听到邻座的小姑娘边哭边打电话给家人，她说："妈，对不起，本来说好赚钱了才回家的……"她蜷坐在座位上，极力压制着自己的哭声，"但是我尽力了，妈，我不后悔。"

联想起之前看到的一篇文章，有人说他始终不相信努力奋斗的意义。然而努力奋斗的意义，真的只是为了赚钱，或者为了社会所认可的成功吗？

我突然想起我那个日夜颠倒的好朋友，M。

有一个周末的晚上，他发来自己设计的封面，还没等我给出评价，他又说："不行，我还得再改改。"其实我觉得已经很好了，可他总是不满意。第二天中午他把改好的设计给我看了看，然后语音另一边的他突然叹了口气。

"你说，我们这样日夜颠倒，这么忙碌，到底是为了什么呢？"他问我。

那时我想起一句话，便对他说："归根结底，我们之所以漂泊异地辛苦奋斗，是因为我们愿意。我们这么努力，不过是为了给自己一个交代。"

就像那个跟我萍水相逢的姑娘打动我的那句话："但是我尽力了，妈，我不后悔。"

　　不知道为什么，最近出现了很多文章说不相信努力的意义，然而这对于我来说似乎从来不是一个问题，努力从来不等于成功，而成功也从来不是终极目标。那些终极的梦想，其实是很难实现的。但在你追逐梦想的时候，你会找到一个更好的自己，一个沉默、努力、充实、安静的自己，你会因为自己所做的事情而觉得充实。

二

　　我始终相信努力奋斗的意义，因为那是本质问题。有朋友曾经问我："如果有一天你发现梦想始终没有实现，你会不会觉得很可怕。"

　　我对他说："没什么好可怕的。"

　　他看着我说："即使那些努力都没有回报？"

　　我觉得努力就是努力的回报，付出就是付出的回报，写作就是写作的回报，画画就是画画的回报，唱歌就是唱歌的回报，一如我的好朋友所说，虽然每次都觉得很累，但当他看到自己的作品的时候，心里的兴奋和激动没有任何一样别的东西能够代替得了。

　　如果你的努力能让自己做自己喜欢的事情，那为什么要放弃努力呢？如果人能够做自己喜欢的事情，谁说这不是一种回报呢？

　　我相信，任何人，不管他是大人物还是小人物，只要做自己喜欢做的事情，他一定是开心的。只要为了自己想要做的事情努力，他一定会感到充实。相反，如果你的努力是为了你不想要的东西，那你自然而然地会感到憋屈和不开心，进而怀疑努力的意义。

　　如果你的努力不是为了自己喜欢的、自己想要的，那么请停下来问问自己是不是太急躁了。

三

曾经在山区看到过天真无邪的孩子们念书的情景，正如那些文章里所说，这些孩子也许将来只能接过父母的活，在山区继续着艰苦的人生。然而他们此时却比很多比他们家境好的人快乐许多，因为对于他们来说，念书就是念书的回报。

一个在北京漂着的哥们儿曾跟我说，他也许这辈子也无法"逆袭"，也许那些"高富帅"们不需要怎么付出也能做出更好的成绩，但他还是决定继续漂泊，他觉得这样子值得，失败了也不会后悔，也算是给自己一个交代。

你说登山的人为什么要登山？是因为山在那里，是因为他们无法言说那难以满足的渴望。

为什么明知道梦想很难实现，却还是要去追逐？因为那是我们的渴望，因为我们不甘心，因为我们想要自己的生活能够多姿多彩，因为我们想要给自己一个交代，因为我们想要在我们老去之后可以对孙辈说：你爷爷我曾经为了梦想义无反顾地努力过。

诚然，也许奋斗了一辈子也不能功成名就，但至少他们有做梦的自尊，而不是丢下一句努力无用，然后心安理得地生活下去。

你不应该担心你的生活即将结束，而应担心你的生活从未开始。

其实我在追逐梦想的时候，早就意识到那些梦想很有可能不会实现，可我还是决定去追逐。失败没有什么可怕的，可怕的是从来没有努力过还怡然自得地安慰自己，连一点点的懊悔都被麻木所掩盖。

不能怕，没什么比自己背叛自己更可怕。

四

人为什么要背负感情？是因为人们只有在面对这些痛楚之后，才能变得强大，才能在面对那些无能为力的自然规律的时候，更好地安慰他人。

人为什么要背负梦想？是因为梦想这东西，即使你脆弱得随时会倒下，也没有人能夺走它。即使你真的是一条"咸鱼"，也没人能夺走你做梦的自由。

所有的辉煌和伟大，一定伴随着挫折和跌倒，所有的辉煌背后都是一座座由苦痛构成的高墙。谁没有一个不安稳的青春？没有一件事情可以一下子把你打垮，也不会有一件事情可以让你一步登天，慢慢走，慢慢看，生命是一个慢慢累积的过程。

有一个环卫工人，工作了几十年后终于退休了，很多人觉得他活得很卑微，然而每天早起的他待人总是很温和，微笑示人，我觉得他也许没能赚很多钱，但他同样是伟大的。

活得充实比获得成功更重要，而这正是努力的意义。

五

我常说，你是一个什么样的人，就会听到什么样的歌，看到什么样的文章，写出什么样的字，遇到什么样的人。你能听到治愈的歌，看到温暖的文章，写着倔强的文字，遇到正好的人，你会相信温暖、信念、坚持这些看起来老掉牙的字眼，是因为你就是这样的人。

你相信梦想，梦想自然会相信你。千真万确。

然而感情和梦想都是冷暖自知的事儿，你想要跟别人描述吧，还真不一定能描述得好，说不定你的一番苦闷在别人眼里显得莫名其妙。喜欢人家的是你又不是别人，别人再怎么出谋划策，最后决策的还是你；你的梦想是你自己的又不是别人的，可能在你眼里看来意义重大，在别人眼里却无聊得根本不值一提。

在很大的一部分时间里，你能依靠的只有你自己。所以，管他呢，不要管别人怎么看，做自己想做的，努力到坚持不下去为止。

　　也许你想要的未来在他们眼里不值一提，也许你一直在跌倒然后告诉自己要爬起来，也许你已经很努力了可还是有人不满意，也许你的理想离你的距离从来没有拉近过，但请你继续向前走，因为别人看不到你背后的努力和付出，你却始终看得见自己。

成功容易，忽视也容易

〔美〕吉姆·罗恩

陈　音　编译

　　人们经常问我，在那六年时间里，我认识的很多人都没有成功，而我却成功了，我是怎么做到的呢？答案很简单：我觉得容易做的事情，他们觉得不去做更容易。我觉得很容易设定那些能够改变我人生的目标，他们觉得不设定更容易。我觉得阅读那些能影响我的思考和想法的书籍是很容易的，他们觉得不去阅读更容易。我觉得去参加各种课程和讲座，并与其他成功人士打成一片很容易，他们说这也许真的不是那么重要。假如要我概括的话，我会说，我觉得容易做的事情，他们会觉得不去做更容易。六年之后，我成了百万富翁，他们仍然在责怪经济、政府和公司政策，然而，他们却忽视了去做基础的、容易做的事情。

　　事实上，大多数人没能做到足够好，主要原因可以归纳为一个词：忽视。

　　让我们变得富有、强大和充满经验所需要的一切，全在我们触手可及的范围之内。为什么很少有人能充分利用自己所拥有的一切？主要原因就是忽视。

　　忽视就像一种传染病，如果任其发展，它会感染我们的整个纪律系统，最终导致完全击垮一个人潜在的充满快乐和希望的人生。

　　不去做我们知道应该做的事情，会让我们感到内疚，从而侵蚀自信。随着我们自信的下降，我们的活跃程度下降，结果也就不可避免地下降。我们的态度就会开始减弱，我们的自信就会愈加下降……如此不断地恶性循环下去。

　　因此，不要忽视去做那些简单的、基础的、"容易的"但有可能会改变人生的事。

火车上的故事

梅子涵

 我说一件 1983 年夏天去吉林市的事，再说一件 1984 年夏天从大连回上海的事，两件事合起来正好是一个完整的故事。

 1983 年的时候我是助教，出去开会只能坐火车硬卧，不能乘飞机。可是 1983 年的时候想买卧铺票都很难，我只好上车再补。火车刚离开上海，我已经站在补票的车厢排队。那是 7 月，火车上没有空调，所有的车窗都开着，但是车厢里依然很热。广播里说，要过了无锡才能补票。我安心地站着等，那时我的耐心比现在好无数倍。我的前面是一个抱着孩子的年轻女人，她旁边还有一个大箱子。孩子总在她怀里动，一边挣扎一边哭。女人为难地一会儿离开队伍，一会儿又回来。我对她说："你就站在旁边吧，等会儿我帮你一起补票。"女人感激地说："谢谢你，真谢谢你。"女人告诉我，她是去大连探亲的，爱人是海军，她要在沈阳转车。

 这是一列到沈阳的车，我也是在沈阳转车。

 补到卧铺票，已经是深夜，我帮女人拎着箱子朝卧铺走去。

 卧铺的人早已安静地睡去，灯全熄灭。我帮女人拎着箱子摸黑走进来时，心里只觉得那些睡着的人真幸福，原来如果上车前就有一张卧铺票，是可以如此优越的!

　　我用自己天生的好视力寻找着卧铺号，我是中铺，她是隔壁一间的上铺。我让她和孩子睡在我的中铺上，我到隔壁的上铺躺下了。我离开她时，她对着我很轻声地说："谢谢你，真谢谢你！"

　　我躺在上铺，没一会儿就睡着了。

　　早晨醒来，车厢里已经被7月的太阳照满。我看见女人坐在铺上和孩子玩。我刷了牙洗了脸，就去餐车吃面条了。

　　餐车人不多。我吃着5毛钱一碗的肉丝面，看着窗外的田野飞快逝去。火车在符离集停下了。

　　这是一个以烧鸡著名的地方。我想，等回来的时候，要买一只烧鸡带回去。

　　可是还没有等我想更多，火车已经开动。接着听见的是脚步声和喊叫声，车站上一片混乱。我不知道发生了什么。

　　我回到卧铺。卧铺里也发生了混乱。那个在大声说话的是列车长。他说，他干了二十几年铁路工作，从来没有碰到过这样的事情！他发纸给大家，让大家写下看见的情景，签上名，作证，他要告到铁道部（今国家铁路局）。

　　原来，车站打错信号，火车提前4分钟开了。不少人下去买烧鸡，来不及上车。那抱着孩子的女人也没上车，她的箱子还在车上。

　　事情接着怎样？列车长不知听谁说的，昨天夜里是我送女人和孩子进卧铺车厢的，于是就让我学雷锋学到底，明天一早到了沈阳先别去吉林，在沈阳逛逛，傍晚5点半他在车站通勤口等我，女人和孩子坐后面的车到沈阳，我陪他一起把箱子交给女人。列车长没说女人，而是说女同志。我一口答应了。列车长说，到吉林的票，他会帮我解决，一定有座位！

　　我早晨5点半到沈阳，一直逛到傍晚，傍晚5点半和列车长在通勤口碰头，女人抱着孩子来了。列车长把箱子放在女人面前，女人激动地和我拥抱。那是1983年，中国的普通男女还不会这样的拥抱，但是她拥抱了我！

我乘半夜的车去吉林。列车长帮我买的票没有座位，他说："真抱歉，没有座位了，你以后再到沈阳来一定找我，我姓张！"我昏昏欲睡地站着，列车驶过黑夜，我没有一点埋怨，很像雷锋。故事结束。

又是夏天，1984年了，我在大连开完会，陪着著名的陈伯吹先生先到沈阳，再回上海。辽宁作协为我们买沈阳到上海的卧铺票，可是他们把我们送到车站时，没有给我们票，而是给了一张纸，纸上写着列车长的名字，列车长姓陈。他们说，姓陈的列车长会为我们办好卧铺票。

列车员说，陈车长今天根本不当班。我急得发昏！因为陈伯吹先生年纪大了。这时已经是晚上9点多。我让陈伯吹先生先坐在卧铺，我站在过道上等。其实我也不清楚自己在等什么。

结果我等到了张车长！

他从过道那一头走来。我大声喊："张车长！"我的眼泪都快涌出来了。我说："张车长，你还记得我吗？"

他看看我："你就是那个学雷锋的大学老师！"

张车长为我们补了票。他说："今天如果没有卧铺了，我就让你们睡到列车员的车厢去！"

第二个故事也结束。

两个故事加起来的完整故事结束。

再加个结束语：哪怕车厢的灯全都熄了，还是会有人看见你。我送女人和孩子进卧铺车厢就被黑暗里的人看见了。如果你"学过雷锋"，那么你就会等到"张车长"。

布衣英雄

凉月满天

正在开会——临济文化研究会。本地宿儒全部到齐，依次发言。这些老先生拎着黑色人造革旧皮包，穿着灰扑扑的中山装，满脸皱纹，老旧如陶，却一个个满腹经纶，口吐莲花。

中午吃饭，我挨个儿敬酒。有位梁先生，40 来岁，语不出众，貌不惊人，席间很安静，却是了不起的人物。

大约 20 多年前，他还是一个普普通通的热血青年，埋没乡间。在人们的印象里，农村很苦，农村太穷，农村人愚昧，农村人不会拿钱买一本书来看，只肯用它来对付柴米油盐。但是，他热爱着自己的农村。

即使淡漠如我，早早离家，到现在魂牵梦萦的，还是老家的土墙、坏屋、哞哞长叫的老牛；老羊倌赶着一群羊回来了，反穿老羊皮袄，把自己搞得也像一只羊……但是，深爱如此，却从未想过要给生我养我的故乡写一部历史，太难。

你知道中国到底有多少个村子？到 2004 年底，全国共有 320.7 万个村庄，要给其中的三百万分之一修史立传，资料从何而来？老人相继过世，新生代一心向往外面的世界，还有几个人对家乡历史念念不忘？就算历史典籍浩如烟海，又有几点笔墨能够惠顾到一根细草上？

但是，凭着典型的书生意气，这个人开始了漫长的修村史的过程。

他做的第一件事就是到文化馆研究整套的二十五史。时值炎炎盛夏，没有空调，房间正中悬吊着锅盖大的风扇，一开就扬沙阵阵，搞得他衣履光鲜地进去，灰头土脸地出来。一本书一本书地摸过，一个字一个字地筛选，到最后能找到的资料还是少得可怜。

他偶然听说荒郊野外有两块石碑，碑文和村史有关，便马不停蹄地赶去，谁知一块已经砌了人家的猪圈，一块残破不全，荒凉地立在乡间。严冬腊月，天冷，人冷，手冷，手里的圆珠笔都冻住了，他只好一边咚咚地跺脚，一边把笔放进怀里暖一暖，再抄两字。

历史不好写，需要去芜存精，去伪存真。他生性内向，需要上山下乡，钻墙觅缝，遍访人群，更是一个艰苦浩大的工程。

20 年的研究和积累，5 年的伏案疾书，成就了一部没有销路的 35 万字的村史。假如把这些字全换成时尚文字，那得赚多少钱！

说他没赚钱也不对。书稿完成，村干部高兴坏了，一定要给他开稿费——5000 块。我不禁摇头叹息：这笔账怎么算？从青葱岁月，写到人至中年；从赤日炎炎，写到数九寒天；从第一个字，写到第 35 万个字。青春、岁月、健康，就等于 5000 块钱？

他却生了气："你给我钱，这不是在打我脸？"他想一想又说，"假如你一定要给的话，你算算咱村里一共有多少五保户、军烈属，替我把这笔钱分给他们，叫他们过个好年。"

我低头喝茶，说不出话，浑身像扎了刺，燥烘烘地热。只说现代社会利益当前，"厚黑"盛行，失望之下，一个劲躲进书本，揣想前贤，没想到贤人就在身边。

古希腊哲学家朗吉弩斯的《论崇高》里有这样一段文字："天之生人，不是要我们做卑鄙下流的动物，它带我们到生活中来，到包罗万象的宇宙中来，要我们做万物的观光者，所以它一开始便在我们心灵中植下一种热情——对一切伟大的，比我们更神圣的事物的渴望。"

是的，渴望。它会让人一边布衣陋食，挣扎生存，一边怀着超现实的心情行走街头，如同行走在高洁悠远的云端。这种渴望造就了一个又一个的布衣英雄。他们十分平凡，走在人群中光彩不显，却在数十年的风尘中磨砺出熠熠生辉的灵魂，正如才子唐伯虎的一首诗："一上一上又一上，一上上到高山上。举头红日白云起，四海五湖皆一望。"

湍流卷不走的先生

从玉华

进入人生的第九十九个年头，李佩大脑的"内存越来越小"，记忆力大不如以前了。她一个月给保姆发了三回工资。她说现在的电视节目太难看了。

在她狭小的客厅里，那个腿都有些歪的灰色布沙发，60年间，承受过不同年代各色大人物各种体积的身体。钱学森、钱三强、周培源、白春礼、朱清时、饶毅、施一公……都曾坐过那个沙发。但是有时人来得多了，不管多大的官儿，都得坐小马扎。

她一生都是时间的敌人。70多岁学电脑，近80岁还在给博士生上课。进入晚年后，她创办了比央视"百家讲坛"还早、规格还高的"中关村大讲坛"。没人数得清，中国科学院的老科学家中有多少是她的学生。甚至在学术圈里，从香港给她带东西，只用提"中关村的李佩先生"，她就能收到了。她的"邮差"之多，级别之高，令人惊叹。

在钱学森的追悼会上，有一条专门铺设的院士通道，裹着长长的白围巾的李佩被"理所当然"地请到这条道上。有人评价，这位瘦小的老太太"比院士还院士"。

"生活就是一种永恒的沉重的努力"

这位百岁老人的住所，就像她本人一样，颇有些年岁和绵长的掌故。

中关村科源社区的13、14、15号楼被称为"特楼"，那里集中居住过一批新中国现代科学事业的奠基者。钱学森、钱三强、何泽慧、郭永怀、赵九章、顾准、王淦昌、杨嘉墀、贝时璋等人都曾在这里居住。

如今，李佩先生60年不变的家，就像中关村的一座孤岛。这座岛上，曾经还有大名鼎鼎的郭永怀先生。

郭永怀、李佩夫妇带着女儿从美国康奈尔大学回国，是钱学森邀请的。

回国后，郭永怀在力学所担任副所长，李佩在中国科学院做外事工作。直至我国第一颗原子弹成功爆炸的第二天，郭永怀和好友一起开心地喝酒，李佩才意识到什么。

1968年10月3日，郭永怀再次来到青海试验基地，为中国第一颗导弹热核武器的发射从事试验前的准备工作。12月4日，在试验中发现了一个重要线索后，他当晚急忙赶到兰州，乘飞机回北京。5日凌晨6时左右，飞机在西郊机场降落时失事。在烧焦的尸体中有两具紧紧地抱在一起，当人们费力地把他们分开时，才发现两具尸体的胸部中间，一个保密公文包完好无损。最后确认，这两个人是59岁的郭永怀和他的警卫员牟方东。

郭永怀曾在大学开设过没几个人听得懂的湍流学课程，而当时失去丈夫的李佩正经历着人生最大的湍流。

据力学所的同事回忆，得知噩耗的李佩极其镇静，几乎没说一句话。在郭永怀的追悼会上，李佩一个人孤零零地坐在长椅上。

郭永怀走后22天，中国第一颗热核导弹试验获得成功。

那些时候，楼下的人常听到李佩的女儿郭芹用钢琴弹奏《红灯记》中李铁梅的唱段："我爹爹像松柏意志坚强，顶天立地……"后来，李佩将郭永怀的骨灰从八宝山烈士公墓请了出来，埋葬在中国科学院力学所内的郭永怀雕塑下面。

此后的几十年里，李佩先生几乎从不提起"老郭的死"，没人说得清，她承受了怎样的痛苦。只是，有时她呆呆地站在阳台上，一站就是几个小时。

更大的生活湍流发生在 20 世纪 90 年代，李佩唯一的女儿郭芹也病逝了。没人看到当时年近八旬的李佩先生流过眼泪。老人默默收藏着女儿小时候玩的能眨眼睛的布娃娃。几天后，她像平常一样，又拎着收录机给中国科学院研究生院的博士生上英语课去了，只是声音沙哑。

"生活就是一种永恒的沉重的努力。"李佩的老朋友、中国科学院大学的同事颜基义先生，用米兰·昆德拉的这句名言形容李佩先生。

1999 年 9 月 18 日，李佩坐在人民大会堂，国家授予 23 位科学家"两弹一星功勋奖章"，郭永怀先生是其中唯一的烈士。该奖章直径 8 厘米，用 99.8% 的纯金铸造，重 515 克——见到的人都感慨，"确实沉得吓人"。

4 年后，李佩托一个到合肥的朋友，把这枚奖章随手装在朋友的行李箱里，捐给了中国科学技术大学。时任校长朱清时打开箱子时，十分感动。

没什么不能舍弃

钱、年龄对李佩而言，都只是一个数字。她在北大念书，北平沦陷后，她从天津搭运煤的船到香港，再辗转经过越南，进入云南西南联大。她在日本人的轰炸中求学。她曾代表中国，参加在巴黎举办的第一次世界工联大会和第一次世界妇女大会。她和郭永怀放弃了美国的三层小洋楼，回国上船时把汽车送给最后一个给他们送行的人。这个经历过风浪的女人，在那个年代做了很多勇敢的事。

她注重人才培养，还和李政道一起推动了中美联合培养物理研究生项目，帮助国内第一批自费留学生走出国门。到 1988 年该项目结束时，美国

76 所优秀大学接收了中国 915 名中美联合培养的物理研究生。当时没有托福、GRE 考试，李佩先生就自己出题，李政道在美国哥伦比亚大学选录学生。

她筹建了中国科学院研究生院（后更名为"中国科学院大学"）的英语系，培养了中华人民共和国最早的一批硕士、博士研究生。当时国内没有研究生英语教材，她就自己编写，每次上课，她带着一大卷油印教材发给学生。这些教材沿用至今。

她进行英语教学改革，被美国加州大学洛杉矶分校语言学系主任 Russel Campbell 称作"中国的应用语言学之母"。她大胆地让学生读《双城记》《傲慢与偏见》等原版英文书。所有毕业生论文答辩时，她都要求用全英文陈述。

1987 年，李佩退休了，她高兴地说，坐公交车可以免票了。可她接着给博士生上英语课，一直上到 80 来岁。

马石庄是李佩的博士英语班上的学生。如今，他在大小场合发言、讲课，都是站着的。他说，这是跟李佩先生学的，"李先生 70 多岁时在讲台上给博士生讲几个小时的课，从来没有坐过，连靠着讲台站的姿势都没有"。

在马石庄眼里，李先生是真正的"大家闺秀"。"100 年里，我们所见的书本上的大人物，李佩先生不但见过，而且与他们一起生活过、共事过，她见过太多的是是非非、潮起潮落。"

在李佩眼里，没什么是不能舍弃的。几年前，一个普通的夏日下午，李佩让小她 30 多岁的忘年交李伟格陪着，一起去银行，把 60 万元捐出——力学所和中国科学技术大学各 30 万元。没有任何仪式，就像处理一张水电费单一样平常。

前年，郭永怀 104 岁诞辰日，李佩拿出陪伴了自己几十年的藏品，捐给力学所：郭永怀生前使用过的纪念印章、精美计算尺、浪琴怀表，以及 1968 年郭永怀牺牲时，中国民航北京管理局用信封包装的郭先生遗物——被火焰熏黑的眼镜片和手表。

探求"钱学森之问"

李佩的晚年差不多从 80 岁才开始。81 岁那年，她创办"中关村大讲坛"，从 1998 年到 2011 年，每周一次，总共办了 600 多场，能容纳 200 多人的大会厅每场都坐得满满当当。诸多知名学者，都登上过这个大讲坛。"也只有李佩先生能请得动各个领域最顶尖的腕儿。"有人感慨。

等到 94 岁那年，李佩先生实在"忙不动"了，才关闭了大型论坛。在力学所的一间办公室里，她和一群平均年龄超过 80 岁的"老学生"，每周三开小型研讨会，这样的研讨会延续至今。

有人回忆，在讨论"钱学森之问"求解的根本出路时，三个白发苍苍的老者并列而坐。北大资深教授陈耀松先生首先说了"要靠民主"四个字，紧接着，郑哲敏院士说："要有自由。"随后，李佩先生不紧不慢地说："要能争论。"这一幕在旁人眼里真是精彩、美妙极了。

在李佩 90 多岁的时候，她还组织了 20 多位专家，把钱学森在美国 20 年做研究用英文发表的论文，翻译成中文，出版了《钱学森文集》中文版。对外人，李佩先生常常讲钱学森，却很少提郭永怀，旁人说李先生太"大度"了。

不孤独

因为访客太多，李佩先生家客厅的角落里摆了很多小板凳。有年轻人来看她，八卦地问："您爱郭永怀先生什么？"她答："老郭就是一个非常真实的人，不会讲假话。老郭脾气好，不像钱学森爱发脾气。"

曾有人把这对夫妇的故事排成舞台剧《爱在天际》。有一次，李佩先生去看剧，全场响起了热烈的掌声。但人们从她的脸上，读不出任何表情，那似乎在演着别人的故事。

"不老"的李佩先生确实老了。曾经在学生眼里"一周穿衣服不重样"、耄耋之年出门也要把头发梳得一丝不乱还别上卡子的爱美的李佩先生，已经顾不上很多了。

那个她曾趴在窗边送别客人的阳台落满了灰尘，钢琴很多年没有响一声了，她已经忘了墙上的画画的是她和郭永怀相恋的康奈尔大学。记忆正在一点点断裂。

早些年，有人问她什么是美，她说："美是很抽象的概念，数学也很美。"如今，她直截了当地说："能办出事，就是美！"

很少有人当面对她提及"孤独"两个字，老人说："我一点儿也不孤独，脑子里有好些事。"

相反，她感慨自己"连小事也做不了"。看到中关村车水马龙，骑自行车的人横冲直撞，甚至撞倒过老院士、老科学家，她想拦住骑车人，但她说："他们跑得太快，我追不上了。"

尽管力气越来越小，她还是试图对抗庞大的推土机。

在寸土寸金的中关村，科源社区的13、14和15号楼也面临拆迁的命运。李佩和钱三强的夫人何泽慧院士等人，通过多种渠道呼吁保护这些建筑，力求将中关村"特楼"建成科学文化保护区。中关村的居民感慨："多亏了这两位老太太！"

如今，"内心强大得能容下任何湍流"的李佩先生似乎越来越黏人。有好友来看她，她就像小孩一样，闹着让保姆做好吃的；好友离开时，她总是在窗边看好友一步三回头地走远，一点点变小。

摘下助听器，李佩先生的世界越来越安静。知道李佩这个名字的年轻人越来越少了。

但每一个踏进李佩先生家的人都会很珍惜拜访的时间，会努力记住这个家的每一处细节。大家都明白，多年后，这个家将是一个博物馆。

时光可以优雅地老去

九 月

很多人认为，她可以有更好的生活——父亲是优秀的飞机与游艇设计师兼制造者，母亲是肖像画家，出入家里的客人，是爱默生、马克·吐温等当时极具代表性的人物。但在她看来，最好的生活是在乡下的农庄里。

她就像被19世纪的灵魂附体的遗少，在学校里穿复古的衣服，不剪头发，缝玩偶的衣服，执拗地对抗嘲笑。她的志向堪称"远大"：开农场，养奶牛。为此，她15岁就辍了学，对务农的兴趣也与日俱增。她坚定地认为：带着自信朝着梦想前进，只要努力实现自己想要的人生，总有一天会得到意想不到的成功。

婚后，她说服丈夫搬到了雷丁农场，那是个缺水少电的老式农场，一切全靠人力。他们养了数量众多的牛、鹅、鸭和鸡。此时，她展露出了卓越的绘画才能，出版了第一本儿童绘本《南瓜月光》。他们每日要步行很远到井边挑水，日子过得相当艰辛，但她很享受这种生活。她在花园里种满了各种花草和蔬菜。她以古法制作面包，用被炉火加热的熨斗熨衣服，家人穿的衣服也是她用自家种的亚麻纺线织布，再亲手裁剪缝制的。在她的悉心经营下，日子过得饶有趣味。她还是一个非常勤恳负责的母亲，即使再忙也会腾出时间和孩子们一起玩耍，教他们应有的礼节，学做各种农活、家务。她亲手做了许多栩栩如生的玩偶，并自建了一个"麻雀邮局"，让孩子们通过这个邮局与玩偶通信。孩子们读小学时，他们还一起创办了一个木偶剧团，到附近城镇巡回表演。

她还想去更遥远更偏僻的农村，丈夫却忍受不了简朴艰难的农耕生活。1961年，在携手度过了23年后，他们离婚了。对她而言，自力更生的田园生活是她很早以前就已选定的生活方式，繁重的农活、琐碎的家务并不意味着负担，而是个人人生价值的体现与兴趣所在。粗粝的环境让她变得越来越强壮，为了抚养4个孩子，她更加努力地工作，10年出版了20本书，1971年出版的《柯基村集市》让她获得了"女王终身成就奖"。她就像自己欣赏的19世纪初的乡村人一样，为了想要的生活而努力工作，从不怨天尤人。

1971年，56岁的她终于迁居到了魂牵梦萦的佛蒙特荒野。在那里，她真正从零开始，花了30年建造了属于自己的19世纪风格的农庄。

她，就是塔莎·杜朵。

"只在年少时拥有年轻，是件可怕的事。"随着年龄增长，塔莎更懂得用童心享受事物的乐趣：她建造了花园，种下了蔷薇、郁金香、山茶花……7月，池塘里遍布盛开的睡莲，她随手摘下一两朵放进脸盆；院子里随处可见累累的果实，访客到来，就采摘些洋李、莓果和豆子招待；亲手缝制的拼布衬裙陪伴她度过寒冬，触摸手织布的纹理，无论哪一条线都能让人感受到织布时指尖的温暖；她能做出最美味的食物，在旁人看来费时费力的柴炉，成了她烹饪美食的不二法宝；雪地里，她最爱鸟儿的足迹，这对她而言如同精致的蕾丝花纹；挤完羊奶，回到屋里抱着爱犬，感受它身上的暖意……

"用知足的心来生活"是塔莎用简朴的生活传递的意境。她老了，却依然有撼动人心的美丽容颜，这来源于内心的丰饶。孩子们曾问她：你的一生肯定很辛苦吧？她回答：完全不是那么回事，我一直以度假的心情度过每一天、每一分、每一秒。

　　塔莎始终把握自己的步调，由个体极致推展的美好生活，延伸出我们渴求简单的避世蓝图。原来，时光可以优雅地老去，一切都可以这样美好。

深 潜

许陈静　郑心仪　姜琨

一

"我们"是近 60 年前和黄旭华一起被选中的中国第一代核潜艇人，29 个人，当时平均年龄不到 30 岁。一个甲子的风云变幻、人生沧桑，由始至今还在研究所"服役"的就剩黄旭华一人。"我们那批人都没有联系了，退休的退休，离散的离散，只剩下我一个人成了'活字典'。"

这句话听来伤感。然而值得庆幸的是，"活字典"黄旭华和 1988 年共同进行核潜艇深潜试验的 100 多人还有联系。那是中国核潜艇发展历程上的"史诗级时刻"——1988 年，中国核潜艇在南海进行了极限深度的深潜试验。有了这第一次深潜，中国核潜艇才算走完研制的全过程。

这个试验有多危险呢？"艇上一块扑克牌大小的钢板，潜入水下数百米后，可以承受 1 吨的重压。对于 100 多米长的艇体，任何一块钢板不合格，一条焊缝有问题，一个阀门封闭不严，都可能导致艇毁人亡。"黄旭华当时已是总设计师，知道许多人对深潜试验提心吊胆："美国王牌核潜艇'长尾鲨号'比我们的好得多，设计的深度是水下 300 米。结果 1963 年进行深潜试验，下潜不到 190 米就沉了，原因也找不出来，艇上 129 个人全找不到了。而我们的核潜艇没一个零件是进口的，全部是自己做出来的，一旦下潜到极限深度，会不会像美国核潜艇一样回不来？大家的思想负担很重。"

深潜试验当天，南海浪高 1 米多。艇慢慢下潜，先是 10 米一停，再是 5 米一停，接近极限深度时 1 米一停。钢板承受着巨大的水压，发出"咔嗒、咔嗒"的响声。在极度紧张的气氛中，黄旭华依然全神贯注地测量和记录各种数据。核潜艇到达极限深度，然后上升，等上升到安全深度，艇上顿时沸腾了。人们握手、拥抱、哭泣。有人奔向黄旭华："总师，写句诗吧！"黄旭华心想，我又不是诗人，怎么会写？然而激动难抑。"我就写了 4 句打油诗：'花甲痴翁，志探龙宫。惊涛骇浪，乐在其中。'一个'痴'字，一个'乐'字，我痴迷核潜艇工作一生，乐在其中，这两个字就是我一生的写照。"

二

对大国而言，核潜艇是至关重要的国防利器之一。有一个说法是：一个高尔夫球大小的铀块燃料，就可以让潜艇巡航 6 万海里；假设换成柴油作燃料，则需要近百节火车皮的体量。

黄旭华用了个好玩的比喻："常规潜艇是憋了一口气，一个猛子扎下去，用电瓶全速巡航 1 小时就要浮上来喘口气，就像鲸鱼定时上浮。核潜艇才可以真正潜下去几个月，在水下环行全球。如果再配上洲际导弹，配上核弹头，不仅有核打击力量，而且有核报复力量。有了它，敌人就不大敢向你发动核战争，除非敌人愿意和你同归于尽。因此，《潜艇发展史》的作者霍顿认为，导弹核潜艇是世界和平的保卫者。"

正因如此，1958 年，在启动"两弹一星"的同时，主管国防科技工作的聂荣臻向中央建议，启动研制核潜艇。参与研制核潜艇的人都暗自发誓，就是搞 1 万年也要搞出来。

就是这句话，坚定了黄旭华的人生走向。中央组建了一个 29 人的造船技术研究室，大部分是海军方面的代表，黄旭华则作为技术骨干入选。国外专家撤走了，全国没人懂核潜艇是什么，黄旭华也只接触过国外的常规潜艇。"没办法，只能骑驴找马。我们想了个笨办法，从国外的报刊上搜罗有关核潜艇的信息。我们仔细甄别这些信息的真伪，拼凑出一个核潜艇的轮廓。"

黄旭华至今保留着一把"前进"牌算盘。当年还没有计算机，他们就分成两三组，分别拿着算盘计算核潜艇的各项数据。若有一组的结果不一样，就从头再算，直到各组数据完全一致。

还有一个"土工具"，就是磅秤。黄旭华在船台上放了一个磅秤，每件设备进艇时，都得过秤，记录在册。施工完成后，拿出来的管道、电缆的边角余料，也要过磅登记。黄旭华称之为"斤斤计较"。就靠着磅秤，数千吨的核潜艇下水后的试潜、定重测试值和设计值完全吻合。

1970 年，我国第一艘核潜艇下水。1974 年 8 月 1 日建军节，交付海军使用。作为祖国挑选出来的 1/29，黄旭华从 34 岁走到了知天命之年，把最好的年华铭刻在"大海利器"上。

三

准确地说，黄旭华是把最好的年华隐姓埋名地刻在核潜艇上。

"别的科技人员，是有一点成果就抢时间发表；你去搞秘密课题，是越有成就越得把自己埋得更深，你能承受吗？"老同学曾这样问过他。

"你不能泄露自己的单位、自己的任务，一辈子都在这个领域，一辈子都当无名英雄，你若评了劳模都不能发照片，你若犯了错误只能留在这里扫厕所。你能做到吗？"这是刚参加研制核潜艇工作时，领导对他说的话。93 岁的黄旭华回忆起这些，总是笑："有什么不能的？比起我们经历过的，隐姓埋名算什么？"

黄旭华出身于广东海丰行医之家，上初中时，日军入侵，附近的学校关闭了。14 岁的他在大年初四辞别父母、兄妹，走了整整 4 天崎岖的山路，找到聿怀中学。但日本飞机的轰炸越来越密集，这所躲在甘蔗林旁边、用竹竿和草席搭起来的学校也坚持不下去了。他不得不继续寻找学校，慢慢地越走越远，梅县、韶关、坪石、桂林……1941 年，黄旭华辗转来到桂林中学。

1944 年，豫湘桂会战打响，中国军队节节败退，战火烧到桂林。黄旭华问了老师三个问题："为什么日本人那么疯狂，想登陆就登陆，想轰炸就轰炸，想屠杀就屠杀？为什么我们中国人不能好好生活，而要到处流浪、妻离子散、家破人亡？为什么中国这么大，我却连一个安静读书的地方都找不到？"老师沉重地告诉他："因为我们中国太弱了，弱国就要受人欺凌。"黄旭华下了决心：我不能做医生了，我要学科学，科学才能救国。我要学航空、学造船，不让日本人再轰炸、再登陆。

1945 年抗战胜利后，他收到中央大学航空系和交通大学造船系的录取通知书。他想：我是海边长大的，对海有感情，那就学造船吧！

交通大学造船系是中国第一个造船系。在这里，黄旭华遇到了辛一心、王公衡等一大批从英美学成归国的船舶学家。名师荟萃，成就了黄旭华这颗日后的火种。

时至今日，年轻人在面对黄旭华时，很容易以为，像他这样天赋过人、聪明勤奋的佼佼者，是国家和时代选择了他。然而走近他才会懂得，是他选择了这样的人生。1945 年"弃医从船"的选择，1958 年隐姓埋名的选择，1988 年亲自深潜的选择，是一条连续的因果链。

他一生都选择与时代同行。

四

人生是一场"舍得"，有选择就有割舍。被尊称为"中国核潜艇之父"的黄旭华，他的割舍远远超出人们的想象。

从 1938 年离家求学，到 1957 年去广东出差时回家，对这 19 年的离别，母亲没有怨言，只是叮嘱他："你小时候四处都在打仗，回不了家。现在社会安定了，交通方便了，母亲老了，希望你常回来看看。"

黄旭华满口答应，怎料这一别竟是 30 年。"我既然从事了这样一份工作，就只能淡化跟家人的联系。他们总会问我在做什么，我怎么回答呢？"于是，对母亲来说，他成了一个遥远的信箱号码。

直到 1987 年，身在广东海丰的老母亲收到了一本三儿子寄回来的《文汇月刊》。她仔细翻看，发现其中一篇报告文学《赫赫而无名的人生》，介绍了中国核潜艇黄总设计师的工作，虽然没说名字，但提到了他的妻子李世英。这不是三儿媳的名字吗？哎呀，黄总设计师就是 30 年不回家的三儿子呀！老母亲赶紧召集一家老小，郑重地告诉他们："三哥的事，大家要理解、要谅解！"这句话传到黄旭华耳中，他哭了。

第二年，黄旭华去南海参加深潜试验，抽时间匆匆回了趟家，终于见到阔别 30 年的母亲。父亲早已去世，他只能在父亲的坟前默默地说："爸爸，我来看您了。我相信您也会像妈妈一样谅解我。"

提及这 30 年的分离，黄旭华的眼眶红了。我们轻声问："忠孝不能两全，您后悔吗？"他轻声但笃定地回答："对国家尽忠，是我对父母最大的孝。"

幸运的是，他和妻子李世英同在一个单位。他虽然什么也不能说，但妻子都明白。没有误解，但有心酸：从上海举家迁往北京，是妻子带着孩子千里迢迢搬过去的；从北京迁居气候条件恶劣的海岛，过冬的几百斤煤球是妻子和女儿一点点扛上楼的；地震了，还是妻子一手抱一个孩子拼命跑。她管好了这个家，却不得不放弃原本同样出色的工作，事业归于平淡。妻子和女儿有时会跟他开玩笑："你呀，真是个'客家人'，回家做客的人！"

聚少离多中，也有甘甜的默契。"很早时，她在上海，我在北京。她来看我，见我没时间去理发店，头发都长到肩膀了，就借来推子，给我理发。直到现在，仍是她给我理。这两年，她说自己年纪大了，叫我行行好，去理发店。我呀，没答应，习惯了。"黄旭华笑着说。结果是，李世英一边嗔怪着他，一边细心地帮他理好每一缕白发。

"试问大海碧波，何谓以身许国。青丝化作白发，依旧铁马冰河。磊落平生无限爱，尽付无言高歌。"这是 2014 年，词作家闫肃为黄旭华写的词。黄旭华从不讳言爱："我很爱我的妻子、母亲和女儿，我很爱她们。"他顿了顿，"但我更爱核潜艇，更爱国家。我此生没有虚度，无怨无悔。"

"对您来说，祖国是什么？"

"列宁说过的，要他一次把血流光，他就一次把血流光；要他把血一滴一滴慢慢流，他愿意一滴一滴慢慢流。一次流光，很伟大的举动，多少英雄豪杰都是这样。更难的是，要你一滴一滴慢慢流，你能承受得了吗？国家需要我一天一天慢慢流，那么我就一天一天慢慢流。"

"一天一天，流了 93 年，这血还是热的？"

"因为祖国需要，就应该这样热。"

永远别害怕自己的声音

——1951 年在密西西比州大学附属高中毕业班上的演讲

〔美〕威廉·福克纳

李文俊　译

许多年前，在你们当中任何一个人都还未出生时，一个聪明的法国人说过："倘若青年人有知识，倘若老年人有能力。"我们都知道他所说的是什么意思，那就是：当你年轻的时候，你有能力做任何事情，却不知道该干什么。后来，你上了年纪，经验、阅历教会了你一切，你却疲倦了，胆子也变小了。你什么都无所谓了，你只想安安静静地待着，平平安安度过余生。除非你自己受到冤屈，你是再也没有多余的能力与心气去管其他闲事了。

那么，今天晚上坐在这个房间里的你们——这些青年男女，以及今天坐在世界各地成千上万类似房间里的青年男女，是有能力改变世界，是可以使它永远免除战争、不公正与苦难的，只要你们知道该做些什么以及如何去做。既然如那位法国老者所说，因为年纪轻，你们不可能知道该干什么，那么站在这里的不管什么人，只要有满头白发，就应该能够告诉你们了。

但是，站在你们面前的这个人，却没准不像他的白头发所装扮出或想显示的那么老、那么聪明。因为他无法给你们一个八面玲珑的回答，也不能向你们提供一个现成的模式。但是他可以告诉你们下面这些话，因为他相信这些话是对的。

今天威胁着我们的是恐惧，不是原子弹，甚至也不是对原子弹的恐惧。因为如果原子弹今天晚上落在奥克斯福，它所能做的一切无非就是杀死我们，这算不得什么，因为一旦它做了这件事，它也就剥夺了对我们的仅有的控制：那就是对它的畏惧，对它的那份提心吊胆。

我们的危险倒并不在于此。我们的危险是，今天世界上的一些势力，它们企图利用人的恐惧心理来剥夺他的个性、他的灵魂，试图通过恐惧与贿赂，把人降低为不会思考的一团东西——向人提供免费的食物，这不是他出力气挣得的；提供轻易能到手的没有价值的金钱，这也不是他干活换来的。危险的是那些经济、意识形态或政治制度，那些独裁者与政客——美洲的、欧洲的或是亚洲的，不管他们怎样标榜自己，目的都是要把人降低为唯唯诺诺的一团东西，只为自我的利益与权力而活着，或是因为他们自身感到困惑与害怕。他们害怕或是无法相信：人是有能力的，是可以勇敢、坚忍与自我牺牲的。

那是我们必须加以拒绝的，倘若我们想改变世界，使它让人类能和平、安全地生活下去的话。成为一团东西的人是不能也不愿拯救人类的。能拯救人的是人类自身，他们有能力与意志区分正确与错误，并且能够拯救自己，因为人类是值得拯救的——他们将永远相信，不仅是相信人有权利摈弃不正义、贪婪与欺骗，而且有责任与义务去促成正义、真理、怜悯与同情的实现。

因此，永远也不要害怕。永远也别害怕提高你的声音，去赞成诚实、真理与同情，反对不正义、撒谎与贪婪。如果你们不是作为一个班级或一个阶级，而是作为个人，作为男人与女人，会这样做，那么，你们将改变这个世界。在下一个世代里，那些渴望权力且利欲熏心的人们，以及那些仅仅是自己感到困惑、无所适从与恐惧的小政客、小帮凶——他们曾经、正在或是希望利用人的畏惧心理与贪得无厌来奴役人类，这样的人必将从地球上消失得一干二净。